Steuerungsexterne Lageistwertfilterung in Vorschubantrieben für Werkzeugmaschinen am Beispiel Kugelgewindetrieb

Von der Fakultät für Maschinenwesen
der Rheinisch-Westfälischen Technischen Hochschule Aachen
zur Erlangung des akademischen Grades eines
Doktors der Ingenieurwissenschaften
genehmigte Dissertation

vorgelegt von

Dirk Andreas Friedrich

Berichter:

Univ.-Prof. Dr.-Ing. Christian Brecher
Prof. Dr.-Ing. Welf-Guntram Drossel

Tag der mündlichen Prüfung: 05. Mai 2015

ERGEBNISSE AUS DER PRODUKTIONSTECHNIK

Dirk Andreas Friedrich

Steuerungsexterne Lageistwertfilterung in Vorschubantrieben für Werkzeugmaschinen am Beispiel Kugelgewindetrieb

Herausgeber:
Prof. Dr.-Ing. Dr.-Ing. E.h. Dr. h. c. Dr. h. c. F. Klocke
Prof. Dr.-Ing. Dipl.-Wirt. Ing. G. Schuh
Prof. Dr.-Ing. C. Brecher
Prof. Dr.-Ing. R. H. Schmitt

Band 27/2015

WZL | RWTH AACHEN UNIVERSITY

Fraunhofer
IPT

Bibliografische Information der Deutschen Nationalbibliothek
Die Deutsche Nationalbibliothek verzeichnet diese Publikation in der Deutschen Nationalbibliografie; detaillierte bibliografische Daten sind im Internet über http://dnb.ddb.de abrufbar.

Dirk Andreas Friedrich:

Steuerungsexterne Lageistwertfilterung in Vorschubantrieben für Werkzeugmaschinen am Beispiel Kugelgewindetrieb

1. Auflage, 2015

Gedruckt auf holz- und säurefreiem Papier, 100% chlorfrei gebleicht.

Apprimus Verlag, Aachen, 2015
Wissenschaftsverlag des Instituts für Industriekommunikation und Fachmedien an der RWTH Aachen
Steinbachstr. 25, 52074 Aachen
Internet: www.apprimus-verlag.de, E-Mail: info@apprimus-verlag.de

Druck: KN Digital Printforce GmbH, Stuttgart

ISBN 978-3-86359-336-0

D 82 (Diss. RWTH Aachen University, 2015)

Vorwort

Die vorliegende Arbeit entstand während meiner Tätigkeit als wissenschaftlicher Mitarbeiter am Werkzeugmaschinenlabor (WZL) der Rheinisch-Westfälischen Technischen Hochschule Aachen.

Herrn Professor Christian Brecher möchte ich an dieser Stelle danken, dass er mir die Möglichkeit gab, am WZL zu arbeiten und somit diese Arbeit zu erstellen. In vielen fachlichen Diskussionen und auch durch sein persönliches Engagement wurde die vorliegende Arbeit erst ermöglicht. Weiterhin möchte ich mich bei Herrn Professor Welf-Guntram Drossel für die Übernahme des Koreferats bedanken. Herr Professor Jörg Feldhusen danke ich für die Übernahme des Vorsitzes meines Promotionsverfahrens.

Ein besonderer Dank gilt Herrn Hermann Mirbach von der Firma DS-Technologie. Herr Mirbach hat nicht nur durch die technische und fachliche Unterstützung, sondern auch durch kritisches Hinterfragen der vorgestellten Arbeiten die Entstehung der Dissertation unterstützt.

Eine solche Arbeit zu erstellen ist nicht ohne hervorragendes Arbeitsumfeld möglich. Hierfür bedanke ich mich speziell bei meinen direkten Kollegen. Ein besonderer Dank geht an Herrn Hartmut Niederhagen und Herrn Wolfgang Schulz. Sie standen mir jederzeit hilfreich zur Seite und haben meine Arbeit mit Ihrer Ruhe und Erfahrung bereichert.

Bedanken möchte ich mich bei Herrn Yannic Wischet und Frau Sicong Liu, welche beide ihren ganz eigenen Anteil zum Gelingen der Arbeit beigetragen haben.

Herrn Andreas Schmidt, Herrn Christian Heyers, Herrn Stephan Gsell, Herrn Gerrit Pohlman, Herrn Thorsten Ostermann und Herrn Wolfram Lohse möchte ich danken für die Durchsicht meines Manuskripts, für das Hinterfragen von Ansätzen sowie für ihre konstruktiven Kommentare.

Der größte Dank gilt aber meiner Familie, ohne welche diese Arbeit nicht möglich gewesen wäre, sowie meiner kleinen, ganz besonderen Herde, welche mir auch in den schwersten Momenten immer wieder ein Lächeln auf die Lippen gezaubert haben.

Buttelstedt, im Mai 2015 Dirk Andreas Friedrich

Für die, die da sind und für die, die nie vergessen werden…

Inhaltsverzeichnis

Content

Formelzeichen und Abkürzungsverzeichnis

Symbols and Abbreviations

Großbuchstaben

Symbol	Einheit	Benennung
A	-	Amplitude
A_{max}	mm	Maximale Abweichung vom Durchmesser
A_{min}	mm	Minimale Abweichung vom Durchmesser, Geradheit
A1, ..., An	-	IIR Filterkoeffizienten im Zähler
B_{max}	mm	Maximale Abweichung vom Geradheit
B_{min}	mm	Minimale Abweichung vom Geradheit
B1, ..., Bn	-	IIR Filterkoeffizienten im Nenner
C	-	Signalperiode
D	-	Differenzieller Anteil im Rückführzweig des dynamischen Positionsfehlers
Dx	mm	Durchmesser / Istdurchmesser
ΔD_{sollx}	mm	Abweichung vom Solldurchmesser
F	Hz	Auf die Abtastfrequenz normierte Frequenz
F_G	-	Auf die Abtastfrequenz normierte Grenzfrequenz
$F_{stör}$	N	Störkraft
FSZ_d	-	Übertragungsfrequenzgang des digitalen Filtersignal-zweigs
FSZ_a	-	Übertragungsfrequenzgang des analogen Filtersignal-zweiges
G	-	Übertragungsfrequenzgang
G_{AFS}		Übertragungsfrequenzgang des Einmischfilters
G_{1-F}	-	Subtrahierte Filterdifferenzialgleichung
$G_{EMFilter}$		Übertragungsfunktion des Einmischfilters
G_F	-	Grundfilterübertragungsfunktion
G_I	-	Stromregelkreis
G_L, G_{LRK}	-	Lageregelkreis
G_{Motor}	-	Übertragungsfunktion des Motors
G_{RI}	-	Übertragungsfunktion des Stromreglers
G_{RV}	-	Übertragungsfunktion des Geschwindigkeitsreglers

G_V	-	Geschwindigkeitsregelkreis
H	-	Allgemeine Filterdifferenzialgleichung
I_K	-	Integrationsverstärkung bei aktiver Positionsfehlerkompensation
I_A	A	Anschlussstrom des Antriebsmotors
J_{ges}, J	$kg \cdot m^2$	Massenträgheitsmoment
K_{EMK}	Vs/m	Elektromotorische Konstante
K_F	-	Verstärkungsfaktor des Filterprototyps
K_G	-	Übertragungsfunktion der mechanischen Transferelemente
K_i	V/A	Proportionalverstärkung Stromregler
K_L	1/s	Lagereglerverstärkung
K_m	A/V	Proportionalverstärkung des Motors
K_{MS}	-	Übertragungsfunktion der Messsysteme
K_p	As/m	Proportionale Verstärkung des Geschwindigkeitsreglers
K_V	m/(min mm)	Geschwindigkeitsverstärkung des offenen Kreises
K_{VF}	m/(min mm)	Resultierende Geschwindigkeitsverstärkung des offenen Kreises mit Lageistwertfilter
L_A	H	Motorspuleninduktivität
MAX	mm	Größter Wert der Messreihe
MIN	mm	Kleinster Wert der Messreihe
M_L	Nm	Lastmoment
M_M	Nm	Motormoment
M_U	-	Anzahl der Messpunkte je Kreis bzw. je Gerade
$NL_{1,...,N}$		Nullstellen des Lageregelkreises
$NS_{1,...,N}$		Nullstellen des Lageistwertfilters
$P_{1,..., N}$	-	Polstellen innerhalb WOK
$PL_{1,...,N}$		Polstellen des Lageregelkreises
$PS_{1,...,N}$		Polstellen des Lageistwertfilters
Px, Py, ...	-	Schnittpunkte der Ortskurven
R	-	Rückführfaktor des dynamischen Positionsfehlers
R_A	Ohm	Motorspulenwiderstand
Ra	Mm	Range
Rx	-	Filterdifferenzialgleichung – APC
S1, S2	Vss	Amplitude der Sinussignale eines Positionsmesssystems

SD	mm	Standardabweichung
SZ	-	Übertragungsfunktion des Signalpfad des digitalen Systems
T	s	Allgemeine Abtastzeit für das Einmischverfahren
T_m	s	Zeitkonstante Motor
T_{ni}	s	Nachstellzeit Stromregler
T_{np}	s	Nachstellzeit Geschwindigkeitsregler
U_A	V	Anschlussspannung des Antriebsmotors
U_{A1}, U_{A2}	Vss	Ausgangssignale eines Positionsmesssystems bei digitaler Interpolation
U_{ind}	V	Induzierte Gegenspannung
U_{ME}	V	Sinusförmiges Messsystemsignal ausgeführt als Spannungssignal
$X_{0..N}$		Zählerkoeffizienten eines berechneten Lageregelkreises
$Y_{0..N}$		Nennerkoeffizienten eines berechneten Lageregelkreises

Kleinbuchstaben

Symbol	Einheit	Benennung
a	m/s^2	Beschleunigung
$a_1 \dots a_M$	-	Filterkoeffizienten im Nenner
$b_1 \dots b_N$	-	Filterkoeffizienten im Zähler
c_0, c_1	-	Ananloge Filterkoeffizienten im Zähler
d_0, d_1	-	Ananloge Filterkoeffizienten im Nenner
f	Hz	Frequenz
f_a	Hz	Abtastfrequenz während der Filterauslegung
f_E	Hz	Entwurfsbreite der Bandsperre
$f_F D_F$	-	Übertragungsfunktion Stromsollwertfilter
f_G	Hz	Grenzfrequenz
f_M	Hz	Mittenfrequenz
f_N	Hz	Nutzfrequenz
f_s	Hz	Samplefrequenz
fo	Hz	Obere Grenzfrequenz
fu	Hz	Untere Grenzfrequenz
h	mm	Spindelsteigung
i	-	Getriebeübersetzung

ii	-	Mechanische Transferelemente der KGT-Prüfstands
i_i	A	Iststrom
i_s	A	Sollstrom
p	°	Winkel der Phasenverschiebung zweier Ausgangssignale
r	m/s^3	Ruck
s, x	m	Weg
v	m/s	Geschwindigkeit
v_i	m/s	Istgeschwindigkeit
v_s	m/s	Sollgeschwindigkeit
x_a	m/s^2	Drehzahlistwert
x_A	m	Eingangssignal in der Einmischfilter
x_i	m	Istweg
x_m	m	Verfahrweg
x_s	m	Sollweg
y_A	m	Ausgangssignal des Einmischfilters
z_A	m	Signal des Positionsrückführzweigs

Griechische Buchstaben

Symbol	Einheit	Benennung
α	°	Phasenwinkel bei digitaler Interpolation
α_0, α_1	-	Allg. digitale Filterkoeffizienten im Zähler
β_1	-	Allg. digitaler Filterkoeffizient im Nenner
σ_L		Realteil des komplexen Frequenzparameters
τ	µm	Signalperiode eines Positionsmesssystems
φ	rad	Interpolationswert
φ_1	°	Phasenwinkel
φ_2	°	Zu verarbeitender Phasenwinkel, Wegsegment
ω	rad/s	Winkelgeschwindigkeit
ω_L		Imaginärteil des komplexen Frequenzparameters

Abkürzungen

Kurzzeichen	Benennung
AFS	Active Filter Structure, Einmischverfahren
APC	Advanced Position Control

AVC	Active Vibration Control
Butter	Butterworth-Filter
Chev	Chebyshev-Filter
DBF 630	Name des Bearbeitungszentrums, DBF – Drehen, Bohren, Fräsen
DF1	Direct Form 1
DSP	Digitaler Signalprozessor
FIR	Finite Impulse Response
FPGA	Field Programmable Gate Array
FSZ	Filter Signal Zweig
IIR	Infinite Impulse Response
IKF	Inverses Kompensationsfilter
Imag	Imaginärteil, imaginäre Achse
ISW	Institut für Steuerungstechnik der Werkzeugmaschinen, Universität Stuttgart
KGT	Kugelgewindetrieb
LRK	Lageregelkreis
NC	Numeric Control
NS	Nullstelle(n)
PI-Regler	Proportional-Integral-Regler
PR	Positionsrückführung
PT_1	Proportionales Übertragungsverhalten mit Verzögerung erster Ordnung
PT_2	Proportionales Übertragungsverhalten mit Verzögerung zweiter Ordnung
Re	Realteil, reelle Achse
RCP	Rapid Control Prototyping
TCP	Tool Center Point
TTL	Transistion-Transistior-Logik
WOK	Wurzelortskurve
WZL	Werkzeugmaschinenlabor der RWTH Aachen
xPC	Synonym für beliebige Computer (Matlab)
ZOH	Zero Order Hold

1 Einleitung

Introduction

Vorschubsysteme bilden eines der wichtigsten Kernelemente von Werkzeugmaschinen und sind direkt mit der Leistungsfähigkeit sowie der erreichbaren Dynamik gekoppelt. Begrenzend auf die mögliche realisierbare Dynamik wirkt sich die zu bewegende Maschinenstruktur aus. Explizit sind die Eigenfrequenzen der Mechanik als Obergrenze der Bandbreite anzusehen ([Knor09], [Quei05]), welche durch ein Vorschubsystem erreicht werden kann. Aus diesem Sachverhalt folgt die Fragestellung: Welche Auswirkungen entstehen für das Übertragungsverhalten eines Vorschubantriebs, wenn die Bandbreite auf den Bereich der ersten Eigenfrequenz oder darüber hinaus erweiterbar ist? Oder alternativ formuliert: Kann ein Vorschubantrieb mit Kugelgewindetrieb dynamischer eingestellt werden, wenn dem Lageregler die Information über ein Überschwingverhalten bzw. eine Eigenfrequenz vorenthalten wird und dieser nun entsprechend weniger Energie in den zugehörigen Frequenzbereich leitet?

Eine Istwertfilterung ist ein probates Mittel in der Regelungstechnik, um störende Frequenzbereiche zu dämpfen, und wird in vielen Regelungen eingesetzt. Die Vorschubantriebsregelung für Werkzeugmaschinen enthält verschiedene Istwertfilter. Diese werden allerdings lediglich in den unterlagerten Regelkreisen genutzt. Ein Grund, warum von der Istwertfilterung im Lageregelkreis abgesehen wird, ist die erforderliche exakte Positionierung eines Maschinentisches in einer Werkstückbearbeitung. Ein eingesetzter Filter im Istpositionssignal ruft ohne ergänzende Maßnahmen eine statische bzw. eine dynamische Abweichung hervor, die für ein hochwertiges Bearbeitungsergebnis nicht zu tolerieren ist.

Die vorliegende Arbeit beschäftigt sich mit einem System, welches eine Filterung in das direkte Positionsmesssystem integriert. Dies ermöglicht es, vorteilhaft auf das Übertragungsverhalten eines Positionsregelkreises einzuwirken und dessen Bandbreite zu erweitern. Anhand des vorgestellten Verfahrens wird diskutiert, inwieweit eine Istwertfilterung der Positionssignale als positiv anzusehen ist und die bekannten Problemstellungen der statischen und dynamischen Genauigkeit optimiert werden können.

Um eine gesteigerte Dynamik zu erreichen, wird eine Methode vorgestellt und untersucht, welche eine steuerungsunabhängige Filterung im Istwertmesssignal für Vorschubantriebe realisiert. Diese Methode, welche im Folgenden als Active Filter Structure (AFS) bzw. als Einmischfilter bezeichnet wird, manipuliert gezielt die Messsystemsignale und kodiert sie erneut. Damit entsteht für eine nachfolgende Steuerung keine Beeinträchtigung des Betriebsverhaltens, da diese das manipulierte Messsystemsignal durch eigene Mittel auswertet. Im ersten Teil der Arbeit wird das zugrunde liegende Einmischverfahren betrachtet und die entstehenden Eigenschaften analysiert. Innerhalb der Betrachtungen werden die gebräuchlichsten Messsystemsignale als Schnittstelle genutzt und der Nachweis erbracht, dass durch gezielte Manipulation eine Filterung an sich realisierbar ist. Da das Einmischverfahren, welches in Kapitel 4.1.1 vorgestellt wird, statisch exakt arbeitet, bildet es eine Möglichkeit, einen Istwertfilter zu generieren, welcher eine hochgenaue Positionierung erlaubt.

Aufbauend auf den Ergebnissen der realisierten Filterung mittels Einmischverfahren schließt sich eine Optimierungsphase an, die verschiedene eingesetzte Filter gegenüberstellt. Die Optimierung erfolgt hinsichtlich der Schwingungsreduktion und der Konturgenauigkeit für die Vorschubsysteme. Da es sich bei den Vorschubantrieben um ausgereifte technische Systeme handelt, kann davon ausgegangen werden, dass die zur Verfügung stehende Bandbreite der beispielhaft untersuchten Werkzeugmaschinenachsen ausgenutzt wird und bis an die erste Eigenfrequenz heranreicht, ohne diese anzuregen oder durch die Reglerwerte eine Amplitudenüberhöhung zu erzeugen. Als Zielstellung einer optimalen Filterauswahl wird festgelegt: Eine Dämpfungswirkung für den Bereich der ersten Eigenfrequenz soll realisiert werden. Zusätzlich ist die Phasenreserve eines geschlossenen Kreises an diesem Punkt aufgebraucht. Somit gestaltet sich ein weiteres Kriterium für die zu realisierende Filterfunktion - die Generierung eines phasenanhebenden Verhaltens im Nutzbereich. Zu diesem Zweck betrachtet diese Arbeit die bekanntesten analogen und digitalen Filtercharakteristiken, um eine Grundaussage zu generieren, welche Filterstruktur für den Einsatz in Lageregelkreisen von Vorschubantrieben die qualitativ besten Eigenschaften aufweist. Alle Ergebnisse werden simuliert, messtechnisch verifiziert und einem möglichen Anwender als mathematische Funktion aufbereitet.

Mit einer an die Aufgabenstellung angepassten steuerungsexternen Filterrealisierung folgt die Integration in verschiedene Vorschubachsen mit Kugelgewindetrieben (KGT). Für eine Betrachtung aller hier relevanten Eigenschaften wurde zu der Vorschubachse ein Simulationsmodell entworfen, welches es erlaubt, auch betriebskritische Einstellungen, speziell in der implementierten Reglung, zu betrachten. Mittels dieser ersten Untersuchungen sind alle zu erwartenden Eigenschaften darstellbar und es wird möglich, sowohl die positiven als auch die negativen Resultate der angestrebten Filterrealisierung zu charakterisieren.

Abschließend betrachtet diese Arbeit den Mehrachsbetrieb und die damit verbundenen Einflüsse durch die realisierte Filterfunktion. Eine realistische Einschätzung der Ergebnisse soll durch einen Kreisformtest ([ISO230]) ermöglicht werden. Um aber aufgrund von Fehlereinflüssen auch das Resultat einer Bearbeitung zu untersuchen, endet die Arbeit mit der Herstellung eines Probewerkstücks. Dies wurde vermessen und die Ergebnisse statistisch ausgewertet. Somit steht am Ende der Arbeit ein stabiler und funktionstüchtiger Prototyp eines Istwertfilters zur Verfügung, welcher das Potenzial aufzeigt, das eine Lageistwertfilterung in Vorschubantrieben erschließen könnte.

Introduction

Feed systems are one of the core elements of machine tools and are directly linked to their performance as well as to the achievable dynamics. A limiting factor of the feasible dynamics is the machine structure that has to be moved. Especially the eigenfrequencies of the mechanics are to be considered as the upper limit of the working bandwidth ([Knor09], [Quei05]), which can be covered by a feed system. These circumstances lead to the following question: Which influence does result on the transfer behavior of a feed drive, if the bandwidth can be expanded up to the eigenfrequency or even beyond? Or in different words: Can a feed drive with a ball screw spindle be adjusted more dynamically, if information on overshooting behavior/eigenfrequency is withheld from the position controller, which then feeds correspondingly less energy to the related frequency range?

An actual value filter is a suitable tool in control engineering to dampen disturbing frequency ranges and is widely used in established feedback control systems. The feed drive control system of machine tools contains several actual value filters. However, these are only used in subordinated feedback control loops. One reason not to employ actual value filters in position control, is the necessary precision in positioning the machine table while processing a work piece. A filter in the actual position signal would result in a static and/or dynamic deviation, which cannot be tolerated for a high-end processing result.

The following thesis work deals with a system, which integrates a filter into the direct position measurement system. This allows to positively influence the transmission behavior of a position control loop and to expand the bandwidth. Utilizing the presented method it will be discussed how an actual value filter for position signals can be employed advantageously and if the known issues of static and dynamic precision can be improved or confirmed.

To achieve enhanced dynamics, a method is presented and examined, which realizes a filter for the actual value signals oft the feed drive and is independent of the control system. This method is further on referred to as Active Filter Structure (AFS) or alternatively as shifting filter. It selectively manipulates measurement signals and codes them again. Therefore, the subsequent control system does not perceive any negative effect of the drive's behaviour since it evaluates the manipulated signals with its own means. During the first part of this work, a look is taken at the fundamental shifting method and the resulting properties are analyzed. During these observations the most common measurement system signals are being used as interface and proof is developed, that a filter is feasible (in principle) through selective manipulation. Since the shifting procedure, presented in chapter 4.1.1, is working statically precise, it offers a possibility to generate an actual value filter, which allows a highly precise positioning.

Based on the provisional results of the implemented shifting filter, a phase of optimization ensues, which compares different, commonly used filters. The optimization is performed according to the desired application in progressive feed systems for machine tools. Since these feed drives are mature technical systems, one can assume that the available bandwidth is utilized appropriately and reaches up to the eigenfrequency without exciting it or elevating the amplitude of the frequency response due to the controller settings. Therefore, the goal of an optimal filter selection is given as follows: The range of the first eigenfrequency in the frequency response needs to be attenuated. In addition, the phase margin of a closed circuit is depleted at this point. This defines another criterion for the filter function to be realized – the generation of phase elevating behavior within the application range. Considering these premises the following thesis takes a look at the most common analog and digital filter characteristics in order to generate a basic statement on which filter structure exhibits the qualitatively best properties for utilization in feed drives. All results are being simulated, verified through practical measurements, and made available to a potential user as a mathematic function.

A realization of the filter, which matches the requirements and is implemented independent of the control system, is subsequently integrated into different feed axes with ball screw spindles. For an observation of all properties a simulation model has been designed for the feed axis, which also allows to monitor settings critical to the application, especially in the implemented control. With these first examinations all prospective properties can be demonstrated and it is possible to characterize the positive as well as the negative results of the desired filter realization.

As conclusion, this thesis deals with the multiple axes mode and related influences by the filter function. A realistic evaluation of the results is to be performed by a circle test ([ISO230]). Due to the influence of errors this is augmented by the examination of a machining process and the thesis closes with the manufacturing of a sample work piece. Its dimensions have been measured precisely and the results were submitted to statistical analyses. Thus, at the end of this thesis a stably functioning prototype of an actual value filter has been created, which indicates the potential of including a position value filter into feed drives.

2 Stand der Technik

State of the art

Durch die Zielsetzung, die erreichbare Maschinendynamik zu erhöhen, fand in den vergangenen Jahren eine kontinuierliche Weiterentwicklung von Antriebssystemen statt. Speziell die Vorschubsysteme in Werkzeugmaschinen zeigen diesen Prozess. Um die Leistungsfähigkeit eines Antriebsystems zu beschreiben, existieren verschiedene Verfahren. Eines der aussagekräftigsten Verfahren beruht auf der Nutzung des Bodediagramms [ScKr08], [WeBr06], [Brec02]. Die natürliche Grenze eines Vorschubantriebs für Werkzeugmaschinen besteht in der ersten Eigenfrequenz, die die Bandbreite limitiert. Im Bodediagramm und speziell im Phasengang ist die Eigenfrequenz bei -90° Phase ermittelbar. Im Anwendungsfall einer Kaskadenregelung mit Positionsregelung als äußerem Regelkreis beinhaltet die Bandbreite somit den nutzbaren Frequenzbereich, der, je größer dieser ausfällt, ein dynamischeres Antriebsverhalten zur Folge hat.

Ein Vorschubsystem besteht aus verschiedenen Einzelkomponenten, die im Zusammenspiel eine Verfahrbewegung realisieren. Gleichzeitig ist ein Vorschubantrieb mit der Maschinenstruktur bzw. dem Maschinengestell verbunden. Somit ist jede Verfahrbewegung auch an Einflüsse der gesamten Maschine gekoppelt. Eine Analyse mit dem Ziel der Schwingungsreduktion ist nicht nur auf den Antriebsstrang beschränkt, sondern im Rahmen dieser muss immer die Maschine bzw. der Bearbeitungsprozess ganzheitlich betrachtet werden. Vor diesem Hintergrund werden in folgendem Kapitel 2.1 Vorschubantriebe mit Kugelgewindetrieb (KGT) im Grundaufbau vorgestellt und Bezug auf die Schwingungsformen einer Maschine genommen. Um die Problematik zu erläutern, wird dabei auf das Bearbeitungszentrum DBF 630 als exemplarisches Beispiel verwiesen.

Ein wesentlicher Meilenstein der Arbeit beinhaltet die Untersuchung eines steuerungsexternen Filtersystems, welches die Lagemessung manipuliert. Dieses wird in Kapitel 4.1 vorgestellt. Aus diesem Grund folgt eine kurze Vorstellung der Manipulation, Auswertung und Entstehung von Messsystemsignalen. In den Kapiteln 2.4 und 2.5 werden Verfahren zur Dämpfung von Eigenfrequenzen bzw. Resonanzstellen vorgestellt, die mit einem Vorschubantriebssystem beeinflusst werden können. Zusätzlich zur Vorstellung erfolgt eine Analyse der Verfahren hinsichtlich ihrer Einsatzgebiete und der Umsetzung an Werkzeugmaschinen.

2.1 Vorschubantriebe für Werkzeugmaschinen mit KGT

Feed drives of machine tools with ball screw drives

Für Vorschubsysteme, welche in dieser Arbeit auf Kugelgewindetriebe beschränkt bleiben, kann der grundlegende Aufbau angesetzt werden, der in Bild 2.1 illustriert ist. Weitere Antriebsformen und Bauweisen für Werkzeugmaschinen sind hinreichend in [WeBr06] erläutert. Alle Antriebsformen besitzen mindestens eine Eigenfrequenz, welche im Anregungsfall Schwingungen im System hervorruft [WeBr06], [Prit08].

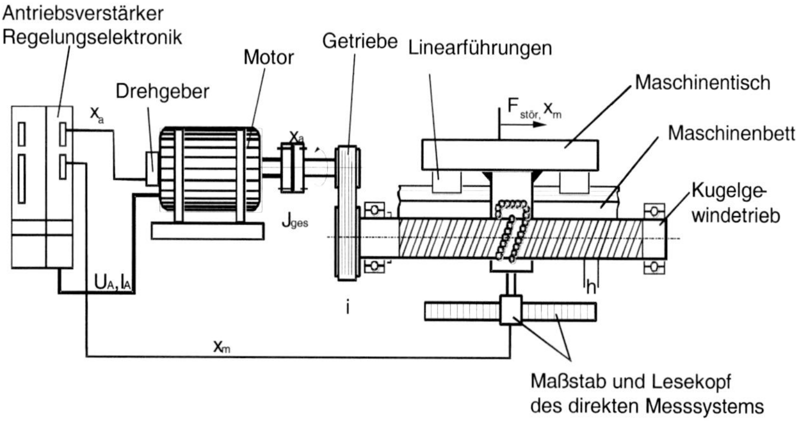

Bild 2.1: Grundaufbau einer Vorschubachse mit Kugelgewindetrieb [WeBr06]

Structure of a feed drive system with ball screw spindle

Der Aufbau eines Antriebssystems mit KGT entspricht dem dargestellten Beispiel, in dem ein Zusammenwirken zwischen dem elektrischen und dem mechanischen Teilsystem entsteht. Als elektrisches System wird in dieser Arbeit die Regelkreisstruktur verstanden, welche im Umrichter bzw. der Steuerung hinterlegt ist. Das mechanische System umfasst den Maschinenschlitten mit den relevanten Anbauteilen, die Kugelrollspindel, Kupplung, Getriebe und den Motor. Der Motor an sich stellt somit als elektromechanischer Energiewandler die Schnittstelle der Systeme dar.

2.1.1 Regelung eines Kugelgewindetriebs in Werkzeugmaschinen

Control of a ball screw drive in machine tools

Die Regelung eines Kugelgewindetriebs, wie sie konventionell an Werkzeugmaschinenvorschubachsen eingesetzt wird, ist als Kaskadenregelung aufgebaut. Bild 2.2 veranschaulicht den kaskadierten Aufbau.

Die innerste Regelschleife ist die Stromregelung, welche den momentbildenden Strom beeinflusst. Die Spulen in einem üblicherweise verwendeten Synchron-Servomotor werden in diesem Fall als PT_1-System approximiert. Als Stromregler wird im Allgemeinen ein PI-Regler verwendet [SiFH07], [WKB99]. Die Umsetzung des entstehenden Spulenstroms in ein erreichtes Moment wird durch die Nutzung der motorspezifischen Momentenkonstante beschrieben. Diese Reduktion ist zulässig, da die Einflüsse der oft üblichen feldorientierten Regelung bei Synchronmotoren [HaEM06] im Vergleich zu den entstehenden Zeitkonstanten vernachlässigt werden können. Für die angeschlossene Mechanik erfolgt eine Umrechnung mittels Massenträgheitsmoment und einer Integratorkette [Remy97], welche zusätzliche Skalierungsfaktoren enthält. Durch die aufgezeigte Strukturierung ist die zweite Regelungskaskade ermittelbar. Diese wird zum aktuellen Stand der Technik über einen im Motor integrierten Drehgeber geschlossen. Der Drehgeber liefert den Drehwinkel der Rotorwelle und als Regler dient ein PI-Regler. Der Positionsregelkreis wird als äußerste Regelschleife ausgeführt. Für hochwertige Werkzeugmaschinen ist die exakte Position des Maschinentisches maßgebend. Aus diesem Grund werden direkte Positionsmesssysteme bevorzugt eingesetzt, da sie eine präzisere Position als indirekte Systeme ermitteln und somit eine hochgenaue Regelung erlauben.

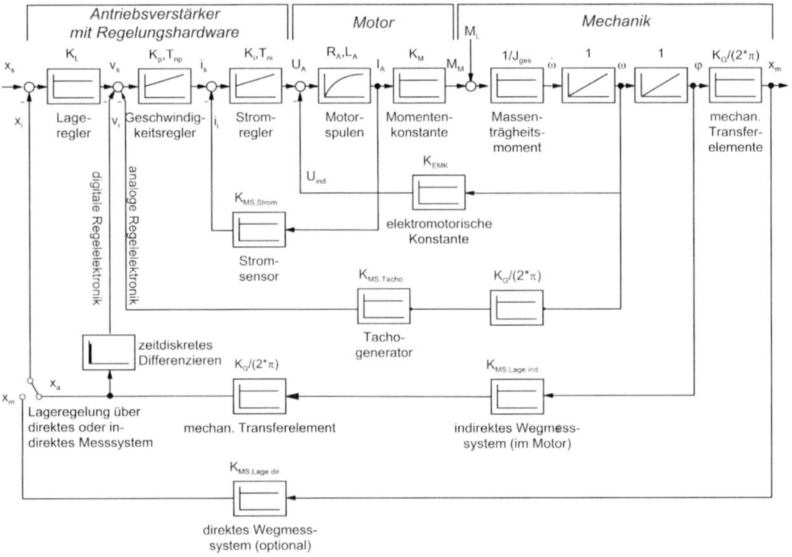

Bild 2.2: Kaskadenstruktur einer Positionsregelung für Werkzeugmaschinen mit KGT [WeBr06]

Cascades position control of machine tools with ball screw spindle [WeBr06]

Die Konfiguration mit einem direkten Messsystem ist die Grundlage dieser Arbeit und wird für alle weiteren Betrachtungen vorausgesetzt. Aus diesem Grund wird sie im Folgenden nicht weiter explizit bezeichnet, da nur die Anordnung mit direktem Messsystem die Möglichkeit bietet, Schwingungsformen, welche ein Vorschubsystem anregen, vollständig zu detektieren und damit zu reduzieren.

Im Werkzeugmaschinenbau existieren noch verschiedene weitere Methoden der Positionsmessung, beispielsweise durch eine indirekte Messung über den Motordrehgeber, welche in der Fachliteratur nachzulesen sind. Verschiedene Beispiele sind unter anderem in [WeBr06] zu finden.

<u>Berechnung von Vorschubregelkreisen in Kaskadenstruktur:</u>

Um die Eigenschaften und eine grundlegende Aussage über das statische und dynamische Verhalten eines Vorschubantriebs in Werkzeugmaschinen zu erhalten, ist eine Berechnung der kaskadierten Struktur, welche in Bild 2.2 dargestellt ist, unumgänglich. Im Allgemeinen wird das Verhalten des Regelkreises mittels eines PT_2-Systems abgeschätzt, wozu der Regelkreis signifikant vereinfacht werden muss. Eine Darstellung der Vereinfachung und der Berechnung ist in [WeBr06] hinreichend erläutert. In der Arbeit wird eine erweiterte Berechnung eines Vorschubregelkreises betrachtet. Aus diesem Grund wird der in Bild 2.2 illustrierte Regelkreis als Differenzialgleichung im Laplace-Bereich abgebildet. Die Berechnung erfolgt anhand der bekannten Lösungsstrategie, kaskadierte Regelkreise von innen nach außen aufzulösen. Die einzelnen Funktionen des Geschwindigkeits- und Stromreglers sowie des Motors als Übertragungsfunktion sind zum besseren Verständnis zuvor hinterlegt:

$$G_{RI} = K_i \left(1 + \frac{1}{T_{ni} s}\right) ; \quad G_{Motor} = K_m \left(\frac{1}{T_m s + 1}\right) \text{ mit } T_m = \frac{L_A}{R_A}; \quad G_{RV} = K_p \left(1 + \frac{1}{T_{np} s}\right)$$

Um die Berechnung zu verdeutlichen, wird zuerst die Übertragungsfunktion des Stromregelkreises (Gleichung 2.1) ermittelt und als Ersatzsystem in den übergeordneten Geschwindigkeitsregelkreis (Gleichung 2.2) eingesetzt. Ein analoges Vorgehen ist bei der Berechnung des Lageregelkreises (Gleichung 2.3) erforderlich.

Stromregelkreis:

$$G_I = \frac{K_i K_m \left(\frac{1}{T_{ni}\, s} + 1\right)}{\left(\frac{K_i K_m \left(\frac{1}{T_{ni}\, s} + 1\right)}{T_m\, s + 1} + 1\right)(T_m\, s + 1)} \tag{2.1}$$

Geschwindigkeitsregelkreis:

$$G_v = \frac{K_M\, K_i\, K_m\, K_p \left(\frac{1}{T_{ni}\, s} + 1\right)\left(\frac{1}{T_{np}\, s} + 1\right)}{J_{ges}\, s \left(\frac{K_i\, K_m \left(\frac{1}{T_{ni}\, s} + 1\right)}{(T_m\, s + 1)} + 1\right)(T_m\, s + 1) \left(\frac{2\pi\, K_M\, K_i\, K_m\, K_p\, hii \left(\frac{1}{T_{ni}\, s} + 1\right)\left(\frac{1}{T_{np}\, s} + 1\right)}{J_{ges}\, s \left(\frac{K_i\, K_m \left(\frac{1}{T_{ni}\, s} + 1\right)}{(T_m\, s + 1)} + 1\right)(T_m\, s + 1)} + 1\right)} \tag{2.2}$$

Die mechanischen Transferelemente mit Ausnahme der Spindelsteigung (h) fasst der Faktor „ii“ zusammen.

$ii = Übersetzungsverhältnis / 2\pi$ nach [WeBr06]

Lageregelkreis:

$$G_L = \frac{K_L \cdot h \cdot ii \cdot G_v}{s + K_L \cdot h \cdot ii \cdot G_v} \quad (2.3)$$

Auf die komplette Darstellung des Lageregelkreises wird aus Gründen der Übersichtlichkeit verzichtet und nur mit Bezug auf den Geschwindigkeitsregelkreis gearbeitet.

2.1.2 Schwingungen in Maschinen und Vorschubachsen

Oscillations in machine tools and feed drives

Durch den Aufbau aus unterschiedlichen mechanischen Komponenten sind Werkzeugmaschinen hinsichtlich des dynamischen Verhaltens als Mehrmassenschwinger zu betrachten [WeBr06b]. Zusätzlich zu verschiedenen statischen Kräften stellen dynamische Kräfte einen entscheidenden Einflussfaktor auf die geometrischen Abweichungen der vorgegebenen Werkstückkontur dar.

Die Schwingungen, welche durch dynamische Kräfte im System Werkzeugmaschine entstehen, kann man in selbsterregte und fremderregte Schwingungen einteilen. Einen Überblick über die Entstehungsursachen vermittelt Tabelle 2.1.

Tabelle 2.1: Ursachen für Schwingungen in Werkzeugmaschinen, verändert nach [WeBr06a]

Selbsterregung Schwingungen mit Eigenfrequenz	**Fremderregung** Schwingung mit Erregerfrequenz bei periodischer Anregung, mit Eigenfrequenz bei Impulsanregung
Ursachen: • Regenerativeffekt • Lagekopplung • Grundrauschen der Schnittkraft • Fallende F-v-Charakteristik • Aufbauschneidenbildung	Ursachen: • Unterbrochener Schnitt • Messereingriffsstoß • Über des Fundament eingeleitete Störkräfte • Unwuchten, Lagerfehler • Wechselnde Schnittkräfte • *Hochdynamische Verfahrbewegungen*

Zwei Beispiele für selbsterregte Schwingungen sind die Lagekopplung und die fallende F-v-Charakteristik. Bei der Lagekopplung geht man von Systemen höherer Ordnung aus, wobei sich unterschiedliche Eigenfrequenzen gegenseitig beeinflussen. Als F-v-Charakteristik bezeichnet man das Verhältnis zwischen Schnittkraft und Vorschubgeschwindigkeit. Durch die erhöhte Geschwindigkeit entsteht eine abnehmende Schnittkraft, die einen Dämpfungsverlust zur Folge hat.

Fremderregte Schwingungen treten auf, wenn über das Fundament Störkräfte eingeleitet werden. Beispielsweise kann das Aufstellen einer Presse räumlich neben einem Fräsbearbeitungszentrum impulsförmige Stöße in das Maschinenbett einleiten, in Folge dessen eine hochgenaue Bearbeitung nicht mehr möglich ist.

Dynamische Kräfte, die die Maschine zum Schwingen in ihren Eigenfrequenzen anregen, sind oft impuls- oder sprungförmig. Zusätzlich zählen auch hochbeschleunigte Verfahrbewegungen in diesen Bereich der Anregung. Viele Arbeiten beschäftigen sich daher mit der Reduktion der Anregungen durch Variation des Rucks bzw. der Generierung von optimierten Sollwerten (vgl. Kapitel 2.4.1).

Um die Eigenfrequenzen darzustellen, wird häufig das Anfertigen von Nachgiebigkeitsfrequenzgängen gewählt, welche vorzugsweise in den Koordinatenachsen aufgenommen werden. Die messtechnischen Grundlagen, die Vorgehensweise und die Darstellungsform sind in [WeBr06b] erläutert. Ein besonders wichtiger Punkt ist die Anregung der Maschine. Eine für diese Arbeit genutzte Möglichkeit wird in [Hann08] vorgestellt. Zusätzlich finden sich unter beiden genannten Literaturangaben umfassende Informationen über die Entstehung, das Verhalten und die Auswirkungen von Maschinenschwingungen, sodass an dieser Stelle auf eine ausführliche Diskussion verzichtet wird.

Ein Anwendungsbeispiel bilden die Hauptachsen des Bearbeitungszentrums DBF 630, welches in Kapitel 6.1.2 vorgestellt wird. An der Maschine wurden die Nachgiebigkeitsfrequenzgänge in den Hauptkoordinatenachsen ermittelt. Die ermittelten Nachgiebigkeitsfrequenzgänge der Hauptachsen X und Z sind im Anhang 9.3 dieser Arbeit hinterlegt. Betrachtet man nun den Frequenzgang der Z-Achse, liegt die erste Eigenfrequenz (normiert) bei ca. 30 Hz. Diese Eigenfrequenz bildet gleichzeitig die Begrenzung der Lagereglerbandbeite der Z-Achse, wie sie in Bild 6.13 hinterlegt ist.

Untersucht man die Bandbreite des Lagereglers genauer, entsteht eine Abweichung zwischen der ersten Eigenfrequenz im Nachgiebigkeitsfrequenzgang und der Resonanzfrequenz der Regelung. Im Beispiel der Z-Achse besteht eine Differenz von ca. 5 Hz, welche die Resonanzfrequenz unterhalb der Eigenfrequenz liegt.

Aus diesem Grund werden für die Arbeit zwei unterschiedliche Frequenzen eingeführt, welche sich nicht zwingend voneinander unterscheiden müssen. Als Resonanzfrequenz der Regelung wird die Überhöhung des Amplitudengangs bezeichnet, welche an ihrer maximalen Amplitude eine Phasendrehung von -90° aufweist. Als Eigenfrequenz wird die erste Frequenzüberhöhung des Nachgiebigkeitsfrequenzgangs bezeichnet. Die Z-Achse der DBF 630 zeigt, dass eine Unterscheidung notwendig ist, da das schwingungsfähige Verhalten zu einer Überhöhung des Amplitudengangs führt, dass von der Eigenfrequenz variiert. Stellt man hingegen den Nachgiebigkeitsfrequenzgang und den Führungsfrequenzgang (vgl. Bild 6.7) der X-Achse gegenüber, so liegen beide Bereiche (Amplitudenüberhöhung der Regelung und erste Eigenfrequenz der Maschinenstruktur) übereinander und die Unterscheidung der Frequenzen ist nicht notwendig.

Eine Betrachtung des Lageregelkreises sollte mit diesem Hintergrund immer auf die entsprechenden Nachgiebigkeitsfrequenzgänge und somit auf das Schwingungsverhalten der Maschine bezogen werden. Gleichzeitig wurde Tabelle 2.1 um die hochdynamischen Verfahrbewegungen von Vorschubantrieben ergänzt. Die Unterteilung der Frequenzen findet ihre Anwendung in den unterschiedlichen Anwendungsfällen eines Istwertfilters, welche in Kapitel 5 vorgestellt werden. Indem die Auslegung auf diesen Sachverhalt anzupassen ist.

2.2 Manipulation und Auswertung von Messsystemsignalen

Manipulation and analysis of measurement system signals

Die Grundlage für eine hochgenaue Regelung eines Vorschubantriebs für Werkzeugmaschinen besteht in der exakten Bestimmung der Istposition. Es existieren unterschiedliche Möglichkeiten, die Istposition einer Vorschubachse zu ermitteln. So kann diese beispielsweise direkt gemessen werden oder ihre Position aus dem bekannten mechanischen Aufbau und dem Wert des Drehgebers am Motor indirekt errechnet werden. Die vorliegende Arbeit betrachtet ausschließlich eine direkte Messung mittels Messkopf am Maschinentisch, wie sie in Bild 2.1 dargestellt ist. Aus diesem Grund wird die Darstellung üblicher Messverfahren auf diesen für KGT üblichen Bereich beschränkt.

Dieses Kapitel beginnt mit einem kurzen Einstieg in die direkte Positionsmessung. Die prinzipielle Wirkungsweise wird anhand eines Beispiels dargestellt. Im Anschluss wird auf die Auswerteprinzipen und die Verarbeitung der Messsystemsignale eingegangen. Abschließend soll ein Verfahren zur Manipulation von Messsystemsignalen (Einmischverfahren) vorgestellt werden, auf dessen Grundlage ein steuerungsexternes Filter untersucht und in seinen Eigenschaften beurteilt wird (Kapitel 4 bis 6).

2.2.1 Verfahren zur direkten Positionsmessung bei Werkzeugmaschinen

Methods of direct position measurement in machine tools

Aufgrund der Vielzahl der Verfahren, welche unter anderem in [Heid09], [WeBr06], [Erns98] vorgestellt werden, geht dieses Kapitel lediglich auf die photoelektrischen Verfahren ein, die an dem untersuchten Prüfstand sowie der Versuchsmaschine genutzt wurden.

Eines der bekanntesten Messverfahren ist das Durchlichtverfahren, dessen Prinzip in Bild 2.3 illustriert ist. Als Hauptbestandteile des Positionsmesssystems sind die Halbleiterlichtquelle (1), die Kondensorlinse (2), die Abtastplatte (3), der Glasmaßstab (4) mit der Inkrementalteilung und die Photoelemente (5) zur Auswertung zu nennen.

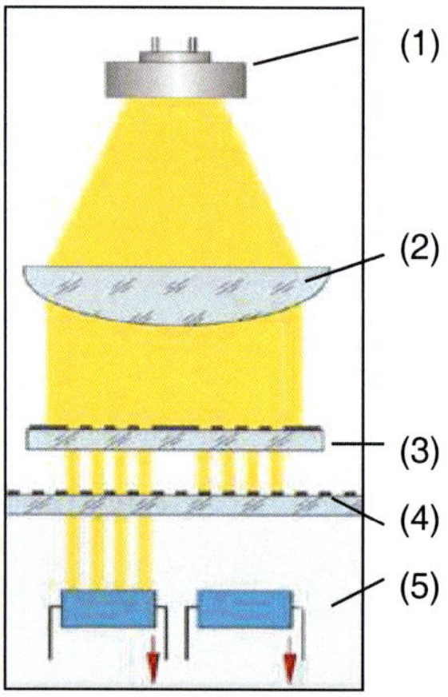

Bild 2.3: Durchlichtverfahren, Prinzipdarstellung [Heid09]

Transmitted light proceeding, basic principle [Heid09]

Das Durchlichtverfahren arbeitet mit optischer Signalerzeugung: Zwei Strichgitter mit gleicher Teilungsperiode werden zueinander bewegt. Das Trägermaterial der Abtastplatte ist lichtdurchlässig. Fällt paralleles Licht durch die Gitterstruktur, werden in einem bestimmten Abstand Hell/Dunkel-Felder abgebildet. Dort befindet sich ein Glasmaßstab (entspricht einem Gegengitter) mit der gleichen Teilungsperiode. Bei einer Relativbewegung der beiden Gitter zueinander wird das Licht moduliert: Stehen die Lücken übereinander, detektieren die Photoelemente die maximale Lichtintensität, befinden sich die Striche über den Lücken, entspricht dies der minimalen Lichtintensität.

Photoelemente wandeln diese Lichtänderungen in elektrische Signale um. Die speziell strukturierte Teilung der Abtastplatte filtert dabei den Lichtstrom so, dass annähernd sinusförmige Ausgangssignale entstehen. Je kleiner die Teilungsperiode der Gitterstruktur, umso geringer und enger toleriert ist der Abstand zwischen Abtastplatte und Teilkreis. Praktikable Anbautoleranzen eines Messgeräts mit abbildendem Messprinzip werden bei Teilungsperioden von 10 µm und größer erzielt [Heid09]. Die Teilungsperiode definiert die Länge eines lichtdurchlässigen und eines lichtundurchlässigen Bereiches auf dem Gitter.

Alternative bekannte Verfahren, welche photoelektrisch arbeiten, sind das Auflichtprojektionsverfahren und die interferentiellen Messverfahren. Die grundlegenden Prinzipien und die erreichbaren Genauigkeiten sind in [Erns98] hinreichend beschrieben.

In der Positionsbestimmung bei Werkzeugmaschinen ist die relative oder absolute Messwerterfassung üblich. Während bei der relativen Erfassung die Position bezüglich eines ortsfesten Punktes (beispielsweise einer Nullmarke) ermittelt wird, benötigt die absolute Messung codierte Positionsangaben auf dem genutzten Maßstab. Die

Codierung erfolgt z.B. mittels Gray-Code. Beide Varianten der Positionsmessung bieten Vor- und Nachteile, welche in [WeBr06] aufgeschlüsselt sind.

Dieser grundlegende Aufbau (vgl. Bild 2.3) und viele weitere photoelektrische Messverfahren verwenden als elektrische Schnittstelle ein Spannungs- oder Stromsignal mit sinus- oder cosinusförmigem Signalverlauf. Die Spannungs- bzw. Stromsignale dienen als Grundlage für eine weitere Auswertung und zur Bestimmung der Maschinenposition. Diese Schnittstelle bleibt aber nicht nur auf photoelektrische Verfahren beschränkt; auch viele weitere Messverfahren wie beispielsweise induktive Längenmessverfahren liefern sie als Ausgangssignale. Die Sinus-Cosinus-Schnittstelle bietet zusätzlich auch die Möglichkeit zur Manipulation der Messwerte. Auf diesen Sachverhalt geht Abschnitt 4.1.1 explizit ein.

Neuste Trends in der Weiterentwicklung der Messsysteme zeigen, dass die Auswertung der Sinus-Cosinus-Signale zunehmend in das eigentliche Messsystem aufgenommen wird oder die Signalübertragung aufgrund von Übertragungsverlusten fortschreitend digitalisiert wird. Somit stehen verschiedene Wege offen, welche herstellerspezifisch verfolgt werden. Grundlegend kann eine Werkzeugmaschine zunehmend als vernetztes System betrachtet werden. Dies ist beispielsweise durch Bus-Systeme realisiert, welche einen digitalen Informationstransport übernehmen und auf verschiedenen Protokollen aufsetzen. Eine entsprechende Weiterentwicklung liegt auch bei den Messsystemsignalen vor. Ein Beispiel für die Umsetzung von analogen Messsignalen mit begrenzter Kabellänge in ein digitales Protokoll und somit erheblich weiteren Übertragungslängen ist das Drive-CLiQ System der Firma Siemens [SiGH07]. Ähnliche Bestrebungen und die industrietaugliche Umsetzung zeigt die Firma Heidenhain mit dem EnDat Protokoll [Kumm07]. Trotz dieser Erweiterungen basiert die Messung am photoelektrischen Messkopf immer noch auf analogen Werten, welchen Sinus-Cosinus-Signale als Ausgangswerte zugrunde liegen. Parallel zu diesen Entwicklungen wird auch an Verfahren gearbeitet, welche die Qualität der analogen Signale verbessern. Eine Möglichkeit besteht beispielsweise in der Filterung, um Einflüsse der umliegenden Leistungselektronik zu minimieren [HeTu07].

Aus diesem Grund wurde für eine Manipulation der Messsystemsignale auch die Sinus-Cosinus Schnittstelle ausgewählt, weil trotz Weiterentwicklung und zunehmender Digitalisierung dieser Ausgangspunkt physikalisch erhalten bleibt. Des Weiteren soll auch der Punkt einer Nachrüstung einer Werkzeugmaschine nicht außer Acht gelassen werden. Da viele Werkzeugmaschinensteuerungen analoge Signale verarbeiten, steht offen, die Ergebnisse dieser Arbeit dahingehend umzusetzen.

2.2.2 Auswertung und Verarbeitung von Messsystemsignalen

Analyses and handling of measurement system signals

In den photoelektrischen Verfahren als Variante für die Messverfahren zur Längenmessung werden zwei (oder mehr) Photoelemente zur Ermittlung der Lichtintensität eingesetzt. Diese sind um die halbe Teilungsperiode versetzt angeordnet. Als Ausgangssignal entstehen zwei sinusförmige Signale, welche um 90° phasenverschoben sind. Setzt man für die Amplitude A, für die Signalperiode C und für den Weg x, so kann man für die Signale S_1 und S_2 schreiben:

$S_1 = A \cdot \sin\varphi$ und $S_2 = A \cdot \cos\varphi$, mit $\varphi = 2\pi \cdot x / C$. (2.4)

Der Interpolationswert φ ergibt sich amplitudenunabhängig aus dem Quotient S_1/S_2 mit:

$\tan\varphi = S_1 / S_2$, $\Rightarrow \varphi = \arctan(S_1 / S_2)$ [Erns98]. (2.5)

In diesem Zusammenhang stehen zur Interpolation der Sensorsignale verschiedene Möglichkeiten offen. Eine reine Flankenauswertung ermöglicht eine genauere Auflösung des Positionsmesswertes um den Faktor 4. In der Praxis muss für eine Anwendung aber eine feinere Unterteilung der Sensorsignale vorgenommen werden. Aus diesem Grund existieren verschiedene Interpolationsverfahren, wie beispielsweise die Interpolation mittels Hilfsphasen. Das Interpolationsverfahren durch Hilfsphasen unterteilt die Sensorsignale durch ein Schaltungsnetzwerk in ganzzahlige Vielfache des Einheitskreises und wertet diese über verschiedene Gatter aus. Das analoge Verfahren mittels Hilfsphasen beinhaltet aufgrund von Bauteiltoleranzen und der damit verbundenen Temperaturabhängigkeit verschiedene Nachteile und wird demzufolge heutzutage nur noch selten benutzt [Erns98].

Heute verwendete Interpolationsverfahren [Gem10] basieren auf einer digitalen Interpolation der sinusförmigen Sensorsignale. Als grundlegender Aufbau einer digitalen Interpolation kann Bild 2.4 betrachtet werden.

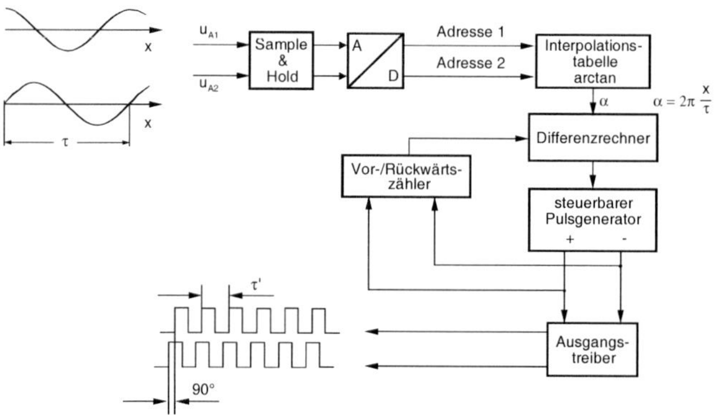

Bild 2.4: Prinzip der digitalen Interpolation [WeBr06]

Principle of digital interpolation [WeBr06]

Die sinusförmigen Sensorsignale werden in einem ersten Schritt digitalisiert und dienen als Adressen für die digital hinterlegte Arcustangenstabelle, welche einen Winkel ausgibt. Zur Erzeugung der Impulsfolgen wird mit dem Tabellenwert ein Nachlaufzähler angesteuert. Die Zählimpulse werden vom Ausgangstreiber in zwei Rechtecksignale umgesetzt, die 90° phasenversetzt sind [WeBr06]. Durch die Aufsummierung der Rechtecksignale kann der zurückgelegte Weg ermittelt werden. Aktuell vertriebene Produkte basieren nahezu ausschließlich auf einer digitalen Interpolation und erreichen Interpolationsraten bis zu einem Faktor von 16000 [Gem10].

Ein Messsystemsignal oder, wie erläutert, das eigentliche Sensorsignal zu manipulieren, erfordert demzufolge immer eine phasenrichtige Beeinflussung eines Sinussignals. Nach der Manipulation muss das Signal erneut in einem stetigen Zustand sein, da sonst eine steuerungsseitige Interpolation keine korrekten Positionsangaben ermitteln kann.

2.3 Digitale und analoge Grundfilter

Basic digital and analoge filters

Eine Istwertfilterung für die gemessenen direkten Positionswerte des Maschinentisches, wie sie in der folgenden Arbeit untersucht werden, und die in Kapitel 2.4 vorgestellten Verfahren und Ansätze erfordern einen oder mehrere Grundfilter. Als Grundfilter werden diejenigen Filter definiert, welche strukturell in eine Erweiterung der Regelung oder der Regelkreise eingebettet sind und das eigentliche Filterverhalten bereitstellen.

Grundfilter können in analoger und digitaler Form realisiert werden. Analoge Filter werden steuerungsintern nur noch rudimentär eingesetzt, somit spielen diese auch nur in der steuerungsexternen Lösung eine Rolle. Aufgrund dieser Tatsache wird im Folgenden nur die Möglichkeit vorgestellt, inwieweit die analogen Grundfilter prinzipiell einsetzbar sind und welche technischen Voraussetzungen erfüllt sein müssen.

Digitale Filter spielen in der Erweiterung von Werkzeugmaschinensteuerungen und somit der Regelung die Hauptrolle. Grundsätzlich ist zu beachten, dass es sich bei Werkzeugmaschinensteuerungen um ausschließlich digitale Systeme handelt, in welche die Filter eingebettet werden und somit die Filter als Softwarebaustein realisiert werden. Mit diesem Hintergrundwissen ist die Abtastzeit des verwendeten digitalen Systems von entscheidender Bedeutung.

Ein Grundfilter ist in einem digitalen System immer als Differenzialgleichung zu verstehen, welche durch einen Filterentwurf ermittelt wurde. Für den Entwurf von Filtern stehen bekannte Entwurfsverfahren zur Verfügung, welche bereits als Softwarefunktionen in vielen Programmen integriert sind. Ein Beispiel ist das von Mathworks vertriebene Programmpaket Matlab [Math10a]. Um die grundlegende Auslegung zu demonstrieren, befasst sich der Unterpunkt 2.3.3 mit den bekanntesten Verfahren zum digitalen Filterentwurf.

2.3.1 Analoge Filter als Grundfilter

Analog basic filters

Als analoge Filter werden allgemein Filter bezeichnet, welche mittels elektronischer Bauelemente aufgebaut sind oder als analoge Differenzialgleichung realisiert wurden. Man unterscheidet zwischen passiven und aktiven analogen Filtern. In aktuellen Steuerungen für Werkzeugmaschinen und speziell in der Vorschuberzeugung werden diese nicht mehr eingesetzt, da Bauteile wie Widerstände ein eigenes Temperaturverhalten besitzen [Best91] und sich somit negativ auf eine Werkstückbearbeitung auswirken können.

Der Grund, warum ein analoges Filterdesign im Zusammenhang mit einer Istwertfilterung noch betrachtet wird, ist die Möglichkeit damit ein quasikontinuierliches System aufzubauen, indem man einen analogen Filter in ein digitales System einbettet. Für eine solche quasikontinuierliche Ausführung muss die Abtastzeit mindestens um den Faktor 10 über dem Nutzfrequenzbereich des Filters liegen [WeBr06]. Ein weiterer Grund, warum analoge Filter untersucht werden, ist die vergleichsweise einfache Auslegung und die bekannten Konzepte, welche hinreichend in [TiSc99] vorgestellt sind. Es ist somit möglich, die Abtastzeit zu variieren, ohne den gesamten Filterentwurf zu wiederholen. Dies gilt aber nur solange, wie ein quasikontinuierliches System erhalten bleibt. Speziell in der Grundlagenforschung birgt dieses Verhalten verschiedene Vorteile.

In der Arbeit sind Filterfrequenzen beispielsweise eines Bandsperrfilters zwischen 15 Hz und 50 Hz zu variieren. Da die Abtastzeit auf eine Millisekunde festgelegt wurde, besteht die Möglichkeit, ein quasikontinuierliches System zu entwerfen. Aufbauend auf diesen Grundlagen werden quasikontinuierliche Filtersysteme betrachtet und somit zwei Entwurfsverfahren für einen Grundfilter auf ihre Eignung geprüft. Als analoge Filtercharakteristiken sind Bandsperrfilter nach Butterworth und Bessel ausgewählt worden. Butterworth Filter haben ein hohes Verbreitungsgebiet und sind in den verschiedenen Designprogrammen enthalten. Bessel Filter haben die Eigenschaft, kein schwingungsfähiges Verhalten an den Eckfrequenzen zu besitzen. Diese können in der notwendigen Subtraktion (siehe Kapitel 4) Vorteile aufzeigen. Ein umfassender Vergleich der Filtercharakteristiken hinsichtlich ihrer Eigenschaften und besonders der Vor- und Nachteile ist in [TiSc99] zu finden.

2.3.2 Digitale Filter als Grundfilter

Digital basic filters

Digitale Filter sind das probate Mittel für die Veränderung bzw. Verbesserung von Signalen in aktuellen Maschinensteuerungen. Man unterscheidet zwei grundlegende Topologien: FIR (Finite Impulse Response) und IIR (Infinite Impulse Response) Filter [KaKr06]. Beide Filterarten sind aufgrund der Impulsantwort benannt. FIR-Filter besitzen eine endliche Impulsantwort, während IIR-Filter eine unendliche Impulsantwort aufweisen. Betrachtet man die Übertragungsform eines getasteten Netzwerks in allgemeiner Form als unendliche Reihe, so lässt sich für die Übertragungsfunktion H(z) schreiben:

$$H(z) = \sum_{n=0}^{\infty} h(n)\, z^{-n} \tag{2.6}$$

Gleichung 2.6 ist als eine Überlagerung von geometrischen Reihen anzusehen und kann mit der Summenformel als gebrochen rationale Funktion zusammengefasst werden [Best91]. Gleichzeitig erfolgt eine Normierung des ersten Gliedes im Nenner zu 1.

$$H_{IIR}(z) = \frac{a_0 + a_1 z^{-1} + ... + a_M z^{-M}}{1 + b_1 z^{-1} + ... + b_N z^{-N}} \tag{2.7}$$

Die Übertragungsfunktion (Gleichung 2.7) kann somit als Ausgangsbasis jedes digitalen Filter bezeichnet werden und definiert die Grundstruktur eines IIR-Filters. Gleichzeitig bildet sie aber auch die Berechnungsvorschrift in einem umzusetzenden Algorithmus.

Degeneriert man das Nennerpolynom zu 1, ist das Ausgangssignal der Funktion nur noch vom Eingang und von dessen um die vielfachen der Tastzeit zeitverschobenen Signale abhängig. Es entsteht somit ein Filter mit endlicher Impulsantwort (FIR-Filter, Gleichung 2.8).

$$H_{FIR}(z) = \frac{a_0 + a_1 z^{-1} + ... + a_M z^{-M}}{1} \tag{2.8}$$

Nach hinreichender Analyse werden FIR-Filter in der vorliegenden Arbeit nicht benutzt, da der Designprozess eines FIR-Filters mit einer Abtastzeit von 1 ms und einem Grenzfrequenz- bzw. Nutzfrequenzbereich von kleiner als 50 Hz eine sehr hohe Filterordnung erfordert. Die Untersuchungen in Kapitel 4 zeigen, dass die Filterordnung ein entscheidendes Entwurfskriterium darstellt und somit kleine Filterordnungen zu bevorzugen sind. Aus diesem Grund scheiden FIR-Filter als Grundfilter aus und werden nicht weiter untersucht.

IIR-Filter, welche in den folgenden Kapiteln Verwendung finden, sind in der Direkt-Form 1 (DF1) entworfen [Hess93] und erlauben damit ein Filterverhalten im angestrebten Frequenzbereich mit minimaler Ordnung. Die DF1 korrespondiert mit der direkten Abbildung der Übertragungsfunktion in ein Additionsschema, welchem Gleichung 2.7 zugrunde liegt. Zusätzlich werden zwei Designmethoden (Butterworth und Chebyshev) untersucht. Die Wahl, eine Chebyshev Charakteristik zu betrachten, resultiert aus dem im Bereich der Grenzfrequenz entstehenden steilen Abfall.

IIR-Filter sind in der Technik und im Umfeld der Mikroprozessoren weit verbreitet. Zusätzlich zeigen die IIR-Filter mit kleinen Ordnungen ein sehr gutes Übertragungsverhalten und sind einfach zu implementieren [Fran09]. Ein digitales Filter muss an die Abtastzeit angepasst werden, da diese als Entwurfskriterium in das Filterdesign eingeht. Ein Wechsel der Abtastzeit zieht somit immer einen neuen Filterentwurf nach sich.

2.3.3 Entwurf von digitalen IIR-Filtern

Design of digital IIR-Filter

Der Entwurf von digitalen Filtern wird zum aktuellen Stand der Technik mit verschiedenen Verfahren realisiert, welche als Softwarebausteine in beispielsweise Steuerungen von Werkzeugmaschinen integriert werden. Somit ist der Filterentwurf als automatisierte Sequenz zu betrachten, welche durch den hinterlegten Algorithmus errechnet wird. Der Nutzer bzw. Inbetriebnehmer kann durch graphische und numerische Verfahren eine Filterauslegung vornehmen und diese im Betrieb auf ihre Eignung prüfen.

Um das Ermitteln der Filterkoeffizienten entsprechend Gleichung 2.7 zu erläutern, wird der Grundgedankengang an dieser Stelle vorgestellt. Eine ausführliche Herleitung findet sich in [TiSc99].

Ausgehend von der Tatsache, dass ein IIR-Filter einen analogen Filter approximieren soll, werden im Allgemeinen zwei Verfahren genutzt: Die bilineare Transformation und der Yulewalk-Algorithmus. Der Yulewalk-Algorithmus bildet als Ergebnis ein Filter mit minimaler Anzahl von Koeffizienten. Zur Veranschaulichung eignet sich die bilineare Transformation aufgrund der Übersichtlichkeit. Als bilineare Transformation wird der Ausdruck bezeichnet (Gleichung 2.9):

$$s_n = \ell \frac{1-e^{-2\pi i F}}{1+e^{-2\pi i F}} = \ell \frac{1-z^{-1}}{1+z^{-1}} \qquad mit \quad \ell = \cot(\pi \cdot F_g) \tag{2.9}$$

Die Frequenzen sind normiert nach folgender Konventionen:

$F = f/f_a$, $F_g = f_g/f_a$ mit: f_g = Grenzfrequenz des Filters, f_a = Abtastfrequenz

Mit der dargestellten bilinearen Transformation kann nun ein IIR-Filter auf Grundlage eines Analogfilters ermittelt werden. Dies soll anhand eines Beispiels entnommen aus [TiSc99] verdeutlicht werden.

Die analoge Übertragungsfunktion erster Ordnung der Form

$$A(s_n) = \frac{d_0 + d_1 s_n}{c_0 + c_1 s_n} \tag{2.10}$$

wird mittels bilinearer Transformation in die digitale Übertragungsfunktion (Gleichung 2.12) überführt. Somit ergeben sich die Koeffizienten zu:

$$\alpha_0 = \frac{d_0 + d_1 \ell}{c_0 + c_1 \ell}; \quad \alpha_1 = \frac{d_0 - d_1 \ell}{c_0 + c_1 \ell}; \quad \beta_0 = \frac{c_0 - c_1 \ell}{c_0 + c_1 \ell} \tag{2.11}$$

$$A(z) = \frac{\alpha_0 + \alpha_1 z^{-1}}{1 + \beta_1 z^{-1}} \qquad (2.12)$$

Anhand dieses einfachen Beispiels (entnommen aus [TiSc99]) ist somit die grundlegende Vorgehensweise in der Ermittlung der digitalen Filterkoeffizienten dargelegt.

2.4 Methoden zur Schwingungsreduktion in Vorschubachsen

Methods for the reduction of oscillations in feed axes

Für alle Fertigungsprozesse wird heutzutage eine kontinuierliche Steigerung der Produktivität und der Bearbeitungsgenauigkeit gefordert. Um diese Ziele zu erfüllen, werden seit einigen Jahren verschiedene Forschungsansätze verfolgt, die sowohl auf der Softwareseite, als auch auf der Hardwareseite Entwicklungen und Untersuchungen zahlreicher neuer Konzepte beinhalten.

Eine technische Grenze, die in diesem Zusammenhang betrachtet werden muss, ist die schwingungsfähige Maschinenstruktur. Ausgeprägte Eigenfrequenzen von Antriebsachsen begrenzen deutlich die Vorschubregelung. Diese muss in Konsequenz mit stark verringerten Reglereinstellungen betrieben werden, um eine Anregung der Resonanzfrequenzen zu vermeiden und speziell für Werkzeugmaschinen keine schwingungsfähigen Zustände aufzuweisen.

Eine Möglichkeit, welche in der wissenschaftlichen und technischen Praxis seit vielen Jahren eingesetzt wird, ist, die Anregung der Maschinenstruktur durch Filter zu reduzieren. Um die realisierten Filter in verschiedene Bereiche einzuteilen und auf ihre Wirkung hin zu analysieren, muss eine Unterteilung in drei Gruppen vorgenommen werden:

- Sollwertmanipulation und Sollwertfilter zur Beeinflussung des Sollwerts außerhalb des geschlossenen Antriebsregelkreises
- Sollwertmanipulation und Sollwertfilter innerhalb einer geschlossenen Kaskadenregelung
- Istwertfilter in den Regelkreisen einer kaskadierten Regelung

Dieses Kapitel wird diese Unterteilung aufnehmen und hinsichtlich der Relevanz für die vorliegende Arbeit bewerten sowie die Wirkungsweise analysieren.

2.4.1 Sollwertmanipulationen und Sollwertfilterung von Vorschubregelkreisen

Manipulation and filtering of the reference values in feed drive controllers

In diesem Abschnitt werden die allgemein genutzten Filtersysteme vorgestellt, welche nicht in der geschlossenen Regelungsstruktur eines Vorschubantriebs angewendet werden.

Zusätzlich fällt in diesen Bereich die angepasste Sollwertgenerierung, welche eine minimale Maschinenanregung realisiert. Um eine Maschinenanregung zu reduzieren, ist es in Maschinensteuerungen mittlerweile Standard, ein Siebenphasenprofil zu nutzen. Eine weitere Möglichkeit besteht in der Gestaltung eines sinusförmigen Ruckprofils. Durch diese stetige Signalform kann der in den Maschinenaufbau eingeleitete Ruck trotz der erhöhten Amplitude reduziert werden [Yama06], [DLSB07].

Eine Erweiterung, welche auf eine möglichst geringe Anregung ausgelegt ist, findet sich in [DiVe08]. Dort wird das Ruckspektrum betrachtet und nachfolgend so entworfen, dass kritische Maschinenschwingungen nicht angeregt werden können. Eine ähnliche Thematik verfolgt der Ansatz von [HLS02] mit der Auslegung der Ruckprofile durch Adaption, welche an die zu dämpfende Maschinenschwingung angepasst werden. Obwohl diese Methoden nicht unmittelbar durch Filter generiert werden, liefern sie im Betrieb sehr gute Ergebnisse, die mit einer Filterung gleichzusetzen sind.

Bei direkten Filtersystemen zur Sollwertmanipulation im Sollsignalzweig unterscheidet man zwei Varianten, zum einen ein Filtersystem zur gezielten Anpassung der Sollwerte mit dem Ziel, den entstehenden Schleppfehler zu reduzieren, zum anderen Filter zur Schwingungsvermeidung in der Maschinenstruktur. Gleichzeitig ist eine Sollwertfilterung aber auch mit der Reduktion des K_V-Faktors gleichzusetzen, da die gedämpften Signalanteile die Bandbreite verringern [Faus97]. Nutzt man einen Tiefpass als Sollwertfilter, entsteht mit zunehmender Bahnkrümmung in der Bearbeitung und zunehmender Bahngeschwindigkeit eine Konturabweichung [Faus97].

Ein Filtersystem zur Anpassung der Sollwerte an die Regelung ist der „Inverse Kompensationsfilter (IKF)“ [Ye92]. Durch den IKF wird der Sollwert an Satzübergängen erhöht, so dass die Regelung an den Entstehungspunkten des Schleppfehlers - in den Beschleunigungs- bzw. Abbremsphasen - einen überhöhten Sollwert generiert. Dies ermöglicht es, den Schleppfehler signifikant zu reduzieren. Die Grundstruktur und die Funktionsweise sind in Bild 2.5 dargestellt. Über den Filter wird der Sollwert so manipuliert, dass der entstehende Schleppfehler minimiert wird. Durch den Einsatz vor dem Vorschubregelkreis ist der Filter als Sollwertfilter einzuordnen. Für einen Einsatz in einer Werkzeugmaschine ist der IKF in allen verwendeten Achsen einzusetzen, da durch den Filter nicht nur ein eigenes Laufzeitverhalten entsteht, welches die Synchronisation der Achsen zueinander beeinflusst, sondern auch ein Frequenzbereich innerhalb der Regelungsbandbreite verändert wird.

Im Rahmen des Einsatzes von Filtern zur Schwingungsvermeidung ist die Verwendung eines Bandsperrfilters ein praktikables Mittel. Auch hier muss die Filterlaufzeit in allen Achsen entsprechend berücksichtigt werden. Diese Variante bildet ein probates Mittel, wenn mehrere Resonanzfrequenzen in einer Achse auftreten.

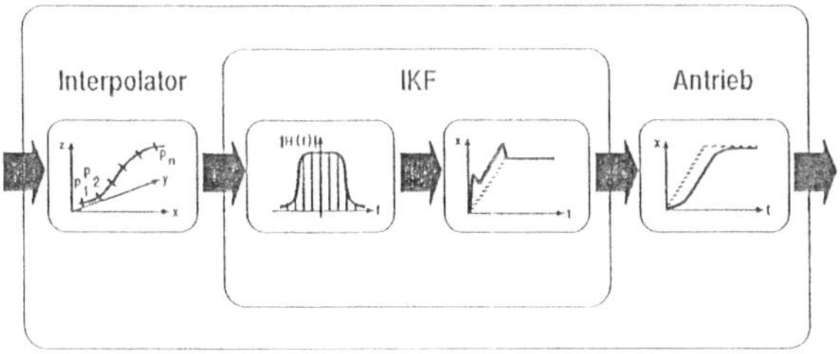

Bild 2.5: Inverses Kompensationsfilter [Ye92]

Inverse compensation filter [Ye92]

Ein weiteres Verfahren, welches die Schwingungsanregung im Sollwert reduziert, ist mit dem Oberbegriff „Input Shaping“ beschrieben. Dieses Verfahren reduziert die Anregungsfrequenzen, indem ein beispielsweise schwingungsoptimiertes Geschwindigkeitssignal erzeugt wird. In der Praxis wird „Input Shaping“ als Filter umgesetzt. Der Steuerungshersteller Siemens bietet mit dem „VIBX Filter“ einen ladbaren Compile-Zyklus an [Sie08], der die Funktionalität des „Input Shaping“ ([Sing97]) für 840d SL-Steuerungen realisiert. Auch hier muss der Filter aufgrund seiner Laufzeit für alle Achsen umgesetzt werden. Der Vorteil liegt in der Umsetzung einer Filterung, die in sehr tiefen Frequenzbereichen erfolgen kann (Frequenzen unterhalb von 5 Hz).

Einen weiteren Ansatz, die Schwingungen in Werkzeugmaschinen zu reduzieren, verfolgt die Firma Mazak mit der Zusatzfunktion „Active Vibration Control“ (AVC). Der Ansatz AVC ist direkt auf die Anregung der Maschine durch die Vorschubantriebe ausgelegt, welche bei Beschleunigungs- und Bremsvorgängen entsteht. Mittels der Look-Ahead-Funktion werden die Bereiche der Richtungsänderung ermittelt und die Parameter der Beschleunigungs- und Bremsvorgänge angepasst [MaSy10]. In der Analyse der Funktion werden somit gezielt Anregungen vermieden. Dies führt aber bei aktivierter Funktion zu Performanceeinbußen.

Ein interessanter Ansatz zur Filterung von Sollwertsignalen findet sich in der Leitwerksregelung von Flugzeugen. Da im regelungstechnischen Verständnis eine Leitwerksregelung eine Kaskadenregelung ist und vergleichbare Strukturschwingungen entstehen, wird an dieser Stelle das Sollsignal mit Notchfiltern vorverarbeitet. In aufbauenden Arbeiten wird die Möglichkeit vorgestellt, dass ein Filterentwurf und die Aktuatorregelung in einem Schritt vereint werden können [Satt01].

In den Bereich der Sollwertmanipulation müssen auch solche Verfahren zur Schwingungsreduktion einbezogen werden, welche die messtechnisch ermittelten Schwingungen einer Mechanik einbeziehen und als kompensierendes Signal auf den Sollwert des Lagereglers aufschalten. Ein exemplarischer Anwendungsfall sind Maschinen mit parallelkinematischer Achsenanordnung. Insbesondere soll ein Beispiel von Yamasaki vorgestellt werden, das antriebsbasierte Schwingungen mittels eines Kompensationsmoduls reduziert. Es werden die am Tool Centre Point (TCP) entstehenden Schwingungen gemessen, verarbeitet und als Kompensationssignal phasenrichtig in die Vorschubregelung zurückgespeist [Yama06]. Im Rahmen der Arbeit von Yamasaki konnte gezeigt werden, dass eine deutliche Reduktion der antriebsverursachten Schwingungen erzielt werden kann. In der Umsetzung des Kompensationsmoduls sind Verfahren zur adaptiven Filterung eingesetzt, welche die Anpassung an die schwingende Mechanik erlauben.

Die erläuterten Ansätze, eine mechanische Struktur einer Werkzeugmaschine zu dämpfen, zeigen, dass die Verfahren und Algorithmen ausgereift und industriell einsetzbar sind. Es muss aber davon ausgegangen werden, dass ein benötigter Sollwertfilter immer in allen Maschinenachsen einzusetzen ist. Gleichzeitig erfolgt keine adaptive Anpassung an sich verändernde Maschineneigenschaften, da keine Möglichkeit zur Informationsrückkopplung gegeben ist. Das vorgestellte Verfahren in [Yama06] bietet diese Rückkopplung, zieht aber erheblichen messtechnischen Aufwand nach sich. Des Weiteren ist zu [Yama06] keine industrielle Anwendung bekannt, welche belegt, dass das Verfahren mit Kompensationsmodul den Bereich einer prototypischen Umsetzung verlassen hat.

2.4.2 Sollwertmanipulation und Sollwertfilter innerhalb einer geschlossenen Kaskadenregelung

Manipulation and filtering of the reference value in the inner loop of the cascade control

Sollwertfilter innerhalb einer geschlossenen kaskadierten Antriebsregelung, welche oft in Form einer Bandsperre ausgeführt sind, bilden ein seit langem erfolgreich angewendetes Konzept zur Schwingungsreduktion [Fahr99]. Sie sind in vielen Antriebsverstärkern [ZiWe06] und ebenso in denjenigen Steuerungen, welche einen Teil der Achsregelung selbst ausführen, Stand der Technik. Ein Sollwertfilter beeinflusst in diesem Zusammenhang explizit den Sollwert von einem der unterlagerten Regelkreise. Durch die überlagerte Regelungskaskade wird die Korrektheit des Regelungsergebnisses sichergestellt, so dass die durchgeführten Manipulationen keine Auswirkungen auf die statische Genauigkeit haben. Hierfür eignen sich besonders Bandsperren im Notch-Filter Design. Ein Notch-Filter (oder auch Kerbfilter) ist eine Bandsperre mit sehr engem zu dämpfenden Frequenzband. Durch den Einsatz einer Notchfilter-Variante ergeben sich z.B. Vorteile bezogen auf die Dynamik des Regelkreises, da eine Anregung des Frequenzspektrums der unterlagerten Regelkreise reduziert wird. Bei der Auslegung solcher Sollwertfilter für unterlagerte Regelkreise ist darauf zu achten, dass die zu filternden Frequenzanteile außerhalb der Bandbreite des überlagerten Regelkreises liegen. Ein Beispiel für ein Stromsollwertfilter ist in Bild 2.6 dargestellt. Es handelt sich um das Regelungsmodell eines Lineardirektantriebs.

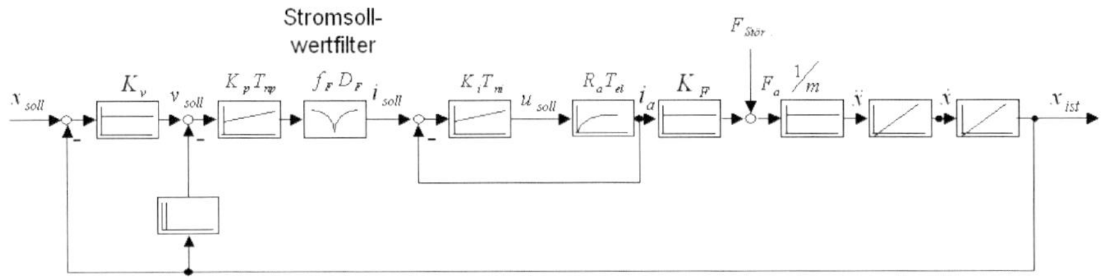

Bild 2.6: Stromsollwertfilter zur Schwingungskompensation eines Lineardirektantriebs [Yama06]

Reference current-filtering to compensate oscillations of a linear direct drive [Yama06]

Die dargestellte Modifikation, die eine Idealisierung der Führungsgröße „Strom" realisiert, ermöglicht eine verbesserte Reglereinstellung im unterlagerten Stromregelkreis [Berk06]. Im Ergebnis kann auf diese Weise eine Verbesserung der Fertigungsqualität erreicht werden. Als Beispiele für die industrielle Verwendung seien hier der Steuerungshersteller Siemens [Sie08] sowie der Umrichterhersteller LTI Drives [Bein05] angeführt. Zur Konfiguration der Geschwindigkeits- und Stromsollwertfilter können verschiedene Filter hintereinander geschaltet werden, um unterschiedliche Frequenzen zu dämpfen [Bosc09], [Mitu04].

Im Bereich der parallelkinematischen Maschinen wurden Funktionen entwickelt, die innerhalb eines Antriebskonzeptes die Antriebskopplung versuchen zu reduzieren. Diese Reduktion der Antriebskopplung erfolgt durch das gegenseitige Verspannen der Antriebe [BOF08]. Dies wird durch eine Geschwindigkeitsaufschaltung realisiert, indem ein Kraftsignalanteil eines weiteren Antriebs auf die Sollgeschwindigkeit aufgeschaltet wird. Die regelungstechnische Kopplung der Antriebe kann durch Filter oder eine differenzierende Funktion erreicht werden.

Gleichzeitig zeigen parallelkinematische Maschinen eine Besonderheit. Da sich die dynamischen Eigenschaften (beispielsweise eines Bipods) im Arbeitsraum ändern, muss auch der Entwurf des Sollwertfilters und somit das Dämpfungsgebiet angepasst werden [Hamm06].

Der Einsatz von Sollwertfiltern in unterlagerten Regelkreisen ist der am häufigsten genutzte Ansatz, um die Reduktion von Maschinenschwingungen zu erreichen und ist damit in allen Steuerungen bzw. Regelungen für Vorschubantriebe in Werkzeugmaschinen zu finden. Als ausgereiftes Produkt in vielfältiger herstellerspezifischer Ausführung kann die Sollwertfilterung in den unterlagerten Regelkreisen aber keinen Einfluss auf ein Schwingungsproblem im Lageregelkreis ausüben. Aus diesem Grund bleibt nur der Anwendungsbereich außerhalb der Lageregelkreisbandbreite, welcher durch die Sollwertfilter sehr gut abgedeckt wird.

2.4.3 Istwertfilter in den Regelkreisen einer kaskadierten Regelung

Actual value filter in the loops of a cascade control

Die Istwertfilterung in unterlagerten Regelkreisen wird in Vorschubantrieben häufig angewendet. Ziel ist in der Regel die signifikante Verbesserung der Signalqualität. Für Lineardirektantriebe ist dies z.B. notwendig, um Messrauschen im Geschwindigkeitssignal, resultierend aus der Differenziation des Positionssignals, zu reduzieren.

Gilt die Zielstellung, Eigenfrequenzen zu dämpfen, werden andere Filterverfahren eingesetzt. Ein kommerziell erhältliches Produkt ist „Advanced Position Control (APC)“ [KRSU03], [SDH06] der Firma Siemens, welches in [Siem03] erstmals vorgestellt wurde. Ein in der Forschung betrachtetes Verfahren ist in [Prit06] beschrieben und wurde durch [DiVe08] weiterentwickelt. Beide Verfahren sind als regelungstechnische Erweiterungen für Vorschubantriebe interessant und werden daher im Folgenden näher betrachtet. Eine weitere Option zur Reduktion von Schwingungen ist die Verwendung von Beobachtern, die ein tiefgreifendes Systemverständnis voraussetzen; auch dieses Verfahren wird im Anschluss beschrieben.

<u>Advanced Position Control (APC)</u>

Die grundlegende Struktur von APC ist in Bild 2.7 dargestellt. Durch die Rückführung der Istgeschwindigkeit über ein Filtersystem bleibt im Signalzweig nach dem Filter nur noch der reduzierte Signalanteil erhalten. Dieser wird an der Summationsstelle durch eine Subtraktion vom Sollgeschwindigkeitssignal abgezogen. Dadurch wird eine Filterfunktion implementiert, welche an das Schwingungsverhalten der Mechanik angepasst werden kann. Durch dieses Verfahren verliert das Sollgeschwindigkeitssignal einen Leistungsanteil. Liegt dieser innerhalb der Reglerbandbreite, entsteht dadurch ein Fehler im Geschwindigkeitssollwert. Da der Geschwindigkeitsregelung jedoch eine Positionsregelung überlagert ist, wird dieser Fehler kompensiert. Aus diesem Grund kann das Verfahren für Vorschubantriebe bei Werkzeugmaschinen eingesetzt werden. Ein Erfahrungsbericht ist in [SDH06] gegeben.

Voraussetzung für den Einsatz von APC ist immer das Vorhandensein eines direkten Messsystems, mit dessen Hilfe Eigenschwingungen der Mechanik ermittelt werden können. Durch Differenzieren der Position bzw. Integrieren der Beschleunigung wird ein Geschwindigkeitssignal generiert, welches durch einen Bandpass ($R_x(j2\pi f)$) gefiltert wird und direkt auf den Geschwindigkeitssollwert aufgeschaltet ist. Somit entsteht eine Dämpfung des Sollsignals in dem kritischen Frequenzbereich der Mechanik. Es ist weiterhin möglich, mehrere Bandpässe zu verschalten (siehe Bild 2.7), welche verschiedene Eigenfrequenzen dämpfen [Hama05]. Probleme entstehen in der Aufbereitung der generierten Geschwindigkeitssignale, wodurch zusätzliche Filter notwendig werden (beispielsweise Hoch- bzw. Tiefpassfilter). Weiterhin ist eine Amplitudenanpassung notwendig, um das aufzuschaltende Signal in die entsprechende Größenordnung der Regelung zu verstärken, sodass eine sinnvolle Subtraktion realisiert werden kann.

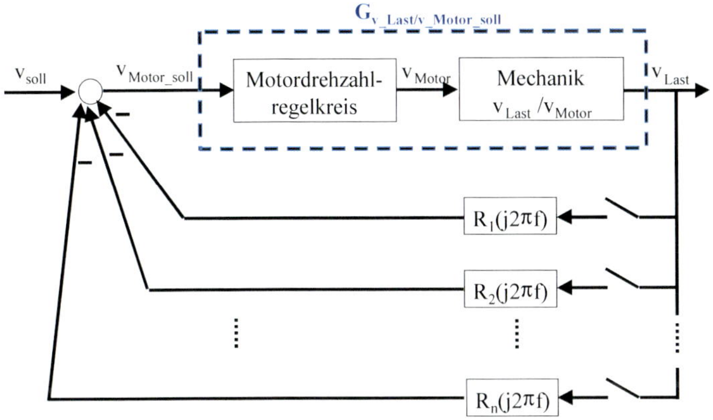

Bild 2.7: Struktureller Aufbau APC [KRSU03], [Hama05]

Structural layout APC [KRSU03], [Hama05]

Vorteile dieses Verfahrens liegen unter anderem darin, dass kein Positionsfehler entsteht. Ursache dafür ist der überlagerte Positionsregelkreis, welcher mit korrekten Lageistwert und Lagesollwert arbeitet und somit diesen Fehler über das I-Verhalten des Geschwindigkeitsregelkreises ausregelt. Weiterhin werden für die nötigen Filter (z.B. Bandpässe) einfach zu entwerfende Filterstrukturen nutzbar.

Voraussetzung für den Einsatz von APC ist laut [Sie07] nicht nur das Vorhandensein von zwei Messsystemen, sondern es muss eine ausgeprägte mechanische Resonanz vorliegen. Es existieren zwei Ausführungsvarianten, in denen APC in Siemenssteuerungen umgesetzt werden kann. So kann entweder die differenzierte Istdrehzahl oder die Differenz zwischen Ist- und Solldrehzahl als Eingangssignal genutzt werden.

Eine mögliche Erweiterung zu APC ist in [KüSc03] vorgestellt. Es wird davon ausgegangen, dass kein direktes Messsystem in einem Vorschubantrieb notwendig ist, da die niederfrequenten Schwingungen auch im Drehzahlistwert messbar sind. Durch die Rückkopplung des Drehzahlistwertes enthält das Sollmoment des Antriebs die Schwingungssignalanteile und es kann über ein Filtersystem, welches an APC angelehnt ist, die Lastschwingung im Drehzahlsollwert kompensiert werden. Eine Umsetzung dieses Verfahrens zur Schwingungsreduktion von niederfrequenten Lastschwingungen ist nicht bekannt.

Integration eines Dämpfungsnetzwerks in den Geschwindigkeits- bzw. Drehzahlregelkreis

Das zweite relevante Verfahren, welches in seiner Wirksamkeit in [DiVe08] bestätigt wurde, befindet sich zum aktuellen Zeitpunkt noch im Forschungsstadium. Aus diesem Grund kann nur aus der angegebenen Literaturstelle zitiert werden.

Mittels der messtechnisch erfassbaren Schwingungen einer nachgiebigen Struktur wird ein zusätzlicher Dämpfungsregelkreis eingeführt, welcher niederfrequenten Schwingungen der mechanischen Struktur mit dem Vorschubantrieb als Aktor entgegenwirkt. Durch den Einsatz können die Strukturschwingungen signifikant reduziert werden. Das Verfahren ist prinzipiell auf den Lageregelkreis erweiterbar, aber mit der Einschränkung, dass die Stellgrößenbeschränkung nicht erreicht werden darf, da in diesem Fall das Dämpfungsnetzwerk keine Wirkung entfalten kann [DiVe08]. Eine Umsetzung der Lageregelkreiserweiterung ist nicht bekannt. Daher kann das Verfahren nur zu den Umsetzungen innerhalb der Regelungsstruktur gezählt werden.

Die Grundlage für die Integration eines Dämpfungsnetzwerks in den Geschwindigkeitsregelkreis bildet ein von [Prit06] beschriebenes Verfahren. Im Kernpunkt des Verfahrens wird eine zusätzliche Geschwindigkeitsrückführung mittels gemessener Beschleunigung eingeführt. Dies wurde in [Lehn05] hinreichend untersucht.

Der Einsatz eines Dämpfungsnetzwerks im Geschwindigkeitsregelkreis zeigt zusätzlich zur Phasenrückdrehung weiteres Potenzial. In [DiVe08] ist die Anwendung als Dämpfungsregelung (vgl. Bild 2.8) beschrieben. Die Regelungserweiterung unterscheidet sich insbesondere durch den nicht notwendigen zusätzlichen Beschleunigungsregelkreis, welcher in der Arbeit [Lehn05] eingeführt wurde.

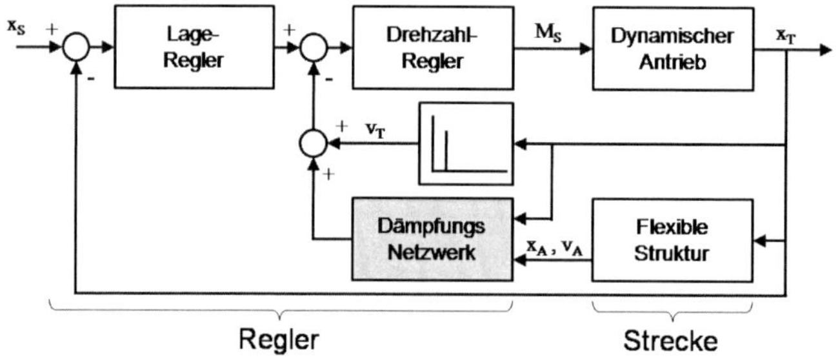

Bild 2.8: Erweiterung der Kaskadenregelung mit einem Dämpfungsnetzwerk [DiVe08]

Enhancement of Cascadian control with a damping network [DiVe08]

Von einer eigentlichen Filterung im Lageistwert wird auch in den vorgestellten Ansätzen abgesehen, da die Filterung im Bereich der Bandbreite angesiedelt sein muss, um sich positiv auf die Dämpfung von Eigenfrequenzen auszuwirken, welche den Lageregelkreis beeinflussen. Die vorgestellten Ansätze betrachten nur Frequenzbereiche außerhalb der Lagereglerbandbreite.

Beobachterverfahren zur Schwingungsreduktion:

Einen interessanten Ansatz zur Schwingungsreduktion speziell bei höherfrequenten Resonanzstellen bieten die Arbeiten von [Krah06], da sich der vorgestellte Geschwindigkeitsbeobachter (Luenberger Beobachter) ähnlich einem Geschwindigkeitsistwertfilter ohne Phasenverschiebung verhält. Der Geschwindigkeitsschätzwert wird aus der gemessenen Position und dem momentbildenden Strom ermittelt und als Geschwindigkeitsistsignal in die Regelung zurückgegeben. Beobachterverfahren sind in vielen Produkten integriert. Ein Beispiel ist in [Bein05] beschrieben, dass aber noch nicht direkt auf die Dämpfung von Resonanzstellen ausgelegt wurde.

Zusätzlich zur Geschwindigkeit kann auch das Störmoment mit einem Beobachter ermittelt werden. Eine Analyse und Vorstellung dieser Ansätze zur Schwingungsreduktion ist in [Faßn02] zu finden.

Einen anderen Ansatz zur Schwingungsreduktion verfolgt die Firma Fanuc. Das vertriebene Produkt der Regelungserweiterung ist unter dem Namen Vibration-damping Control Function bekannt [Fanu10]. Im Unterschied zu den bisher vorgestellten Verfahren konzentriert sich der Ansatz besonders auf die Beschleunigungs- bzw. Abbremsvorgänge, so dass eine Geschwindigkeitssollwertfilterung keine ausreichenden Ergebnisse liefert. Während dieser Phasen führt die Vibration-damping Control Function die Unterschiede zwischen Motor und Maschine zurück und speist sie in das Stromsignal ein. Unterschiede zwischen Motor und Maschine entstehen beispielsweise in Phasen einer Stellgrößenbeschränkung, während dieser die Vorschubregelung den linearen Regelungsbereich verlässt. Eine Möglichkeit bildet hierbei die Filterung der Signale mittels Bandsperrfilter, so dass gezielt Schwingungssignale reduziert werden. Die Struktur veranschaulicht Bild 2.9. Da der Ansatz auf einem Koeffizientenvergleich beruht, welcher einem Beobachterverfahren entspricht, muss zur Analyse ein Systemmodell benutzt werden. Eine wissenschaftliche Analyse der Leistungsfähigkeit bzw. der Vor- und Nachteile ist nicht veröffentlicht. Aus diesem Grund kann an dieser Stelle lediglich das Verfahren vorgestellt werden.

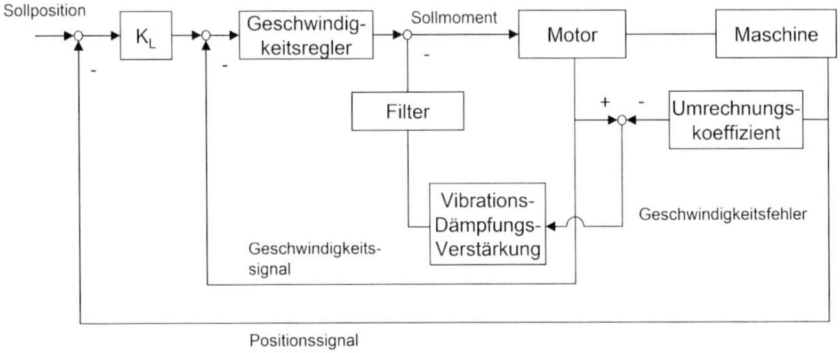

Bild 2.9: Schema des Vibration-damping Control [Fanu10]

Scheme of Vibration-damping Control [Fanu10]

2.5 Ergänzende Dämpfungsverfahren für Maschinenschwingungen

Supplementary methods for the damping of oscillations in machine tools

Zusätzlich zu den bisher vorgestellten Möglichkeiten und Verfahren zur Dämpfung von Maschinen- bzw. Antriebseigenfrequenzen existieren noch viele weitere Ansätze. Da der Fokus im weiteren Verlauf der Arbeit auf einer Lageistwertfilterung liegt, erfolgt in diesem Abschnitt nur eine Vorstellung dreier unterschiedlicher Strategien zur mechanischen Dämpfung von Maschinen- bzw. Antriebseigenfrequenzen.

Hilfsmassenschwinger und aktive Dämpfer

Eine der bekanntesten Lösungen für die Reduktion einer Eigenfrequenz ist der Einsatz von Hilfsmassenschwingern, Schwingungstilgern oder aktiven Dämpfern [WeBr06b]. Bei dem Entwurf eines Hilfsmassenschwingers wird eine zusätzliche schwingende Masse an der Maschinenstruktur angebracht, deren Eigenfrequenz auf die zu dämpfende Maschinenschwingung ausgelegt wurde [KPMJ06]. Dadurch ist eine gegenphasige Überlagerung der Schwingungen möglich, was eine Dämpfung der Eigenschwingung der Maschine bewirkt. Nachteilig ist die Bildung von Nebenresonanzstellen.

Die Anwendung von aktiven Dämpfern ist eine weitere Methode, Maschinenschwingungen zu dämpfen. Hierbei wird ein Aktor entsprechend der entstehenden Maschinenschwingungen angesteuert. Somit besteht die Möglichkeit, auf veränderte Anforderungen, wie beispielsweise bei unterschiedlichen selbst erregten Maschinenschwingungen, zu reagieren [WeSc03].

Beide Ansätze haben gemeinsam, dass die kritischen Maschinenschwingungen oft vor dem Einsatz messtechnisch ermittelt werden müssen und dass der Einbau einer mechanischen Dämpfung an einem geeigneten Ort erfolgen muss. Des Weiteren benötigt ein aktiver Dämpfer zusätzlich zum Bauraum noch eine von der Bauart abhängige Ansteuerung, da oft elektrische bzw. hydraulische Aktoren verwendet werden [AREH09]. Neuere Entwicklungen nutzen speziell für höherfrequente Bereiche einen Piezo-Aktor als Stellelement [MaHe06].

Ruck- bzw. Impulsentkopplung

Eine Methode, Schwingungen des Antriebssystems und damit Schwingungen, welche in ein Maschinengestell eingeleitet werden, zu reduzieren, liegt in der Verwendung von ruck- bzw. impulsentkoppelten Systemen. Diese Art der mechanischen Entkopplung wird erreicht, indem das Antriebssystem beweglich mit einem Maschinengestell verbunden ist [Müll09], [KoDr06]. Durch den Impulserhaltungssatz (vereinfacht dargestellt als Newtonsches Kraftgesetz) sind die entstehenden Kräfte in einer ruckentkoppelten Anordnung beschrieben. Der Ansatz der Ruckentkopplung ist aktuelles Forschungsthema und hat zur Zeit nur in wenigen prototypischen Maschinen und Prüfständen Anwendung gefunden [BOW04]. Gleichzeitig ist zum aktuellen Stand die Ruckentkopplung auf Direktantriebe (linear und rotatorisch) beschränkt. Erste Ansätze, ein ähnliches Verfahren in KGT-Antrieben umzusetzen, sind in

[Croo08] und [NWIN06] beschrieben. Beide Ansätze sind aber noch nicht hinreichend auf ihre industrielle Anwendbarkeit untersucht.

Verfahren zur Reduktion von Schwingungen an Einzelkomponenten:

Im Zuge der Filterung von Sollwerten stellen die Filterverfahren, welche in Kapitel 2.4.2 vorgestellt wurden, die Hauptaufgabengebiete und -anwendungen dar. Zusätzlich zu den allgemeinen Einsatzzwecken existieren verschiedene individuelle Lösungen, um spezifische Problemstellungen zu lösen. Eine Schwingungsform, wie sie bei Vorschubantrieben häufig auftritt, ist die Torsionsschwingung der Antriebswelle. Da diese Schwingungsform im Konzept eines Vorschubsystems und einer Werkzeugmaschine oft im Verbund betrachtet wird, sind Verfahren zur speziellen Kompensation seltener anzutreffen. In den verschiedenen Bauformen kann eine Torsionsschwingung aber auch so dominierend werden, dass sie speziell kompensiert werden muss. Exemplarische Beispiele sind in [ScRe99], [FuCh09] und [WLLA06] veranschaulicht. Es werden die Schwingungssignale im laufenden Betrieb analysiert und bewertet. Gleichzeitig wird als Geschwindigkeitssollwertfilter ein adaptiver Notchfilter eingesetzt, welcher durch die Schwingungsanalyse angepasst wird. Die somit erreichte qualitative Verbesserung der Stromsignale und die Reduktion der Torsionsschwingung zeigen, dass diese Verfahren bereits den grundlegenden Forschungsbereich verlassen haben. Eine industrielle Umsetzung in Werkzeugmaschinen ist aber noch nicht bekannt.

Ein weiteres Beispiel für die Schwingungen einer einzelnen Komponente bei einem Drehbearbeitungsprozess ist ein vibrierender Drehmeißel. Um die Schwingungen zu kompensieren bzw. diesen aktiv entgegen zu wirken, entstanden verschiedene Forschungsarbeiten zum Beispiel bei [AnHâ04]. Um die Vibrationen aktiv zu dämpfen, wurde ein Piezo-Aktor in den Drehmeißel eingelassen. Die Messung der Schwingungen erfolgt mittels Beschleunigungssensor in der Nähe der Bearbeitung. Durch das gemessene Beschleunigungssignal wird über einen separaten Regler der Piezo-Aktuator angesteuert, welcher der entstandenen Schwingung entgegenwirkt.

2.6 Fazit

Conclusion

Die in den vorangegangenen Kapiteln vorgestellten Ansätze, Forschungsthemen und kommerziell vertriebenen Produkte haben gezeigt, dass eine Filterung in vielen Antriebssystemen für Werkzeugmaschinen nicht nur eine Zusatzoption in der Konfiguration darstellt, sondern oft auch zwingend erforderlich ist, um geforderte Dynamiken der Antriebssysteme zu erreichen. Allen Ansätzen ist gemeinsam, dass sie das Grundgerüst der Funktionalität bereitstellen, aber immer auf den jeweiligen Vorschubantrieb bzw. das Schwingungsproblem abzustimmen sind.

Zu Beginn sind die Sollwertfilter außerhalb der Antriebsregelung hervorzuheben, da diese steuerungsweit eingesetzt werden. Sollwertfilter werden immer auf alle Achsen gleichzeitig angewendet um Signallaufzeiten zu kompensieren. Trotz dieses Nachteils zeigen sie positive Ergebnisse auf die Anregung der Maschinen und Vorschubachsen. Sollwertfilter sind in vielen Steuerungen für Werkzeugmaschinen integriert und weit verbreitet. Durch die Anwendung auf alle Achsen einer Werkzeugmaschine werden aber auch Achsen in der Dynamik reduziert, welche ein größeres Leistungsspektrum erschließen könnten.

Sollwertfilter innerhalb der Antriebsregelungen sind in allen modernen Vorschubantrieben integriert. Somit kann durch diese Filter sehr positiv auf das Verhalten der einzelnen Vorschubachsen eingewirkt werden.

Istwertfilter und insbesondere Istwertfilter im Geschwindigkeitssignal von Vorschubantrieben zählen noch zu den Sonderlösungen. Teilweise haben diese und die sie umgebende Struktur (siehe [DiVe08]) noch Forschungs- und Entwicklungscharakter. Eine besondere Rolle spielt in diesem Zusammenhang APC der Firma Siemens. In diversen Veröffentlichungen wurden die Wirkungsweise und die Anwendbarkeit gezeigt. APC ist ein geschütztes Verfahren und somit ist damit zu rechnen, dass sich die Verbreitung auf Maschinensteuerungen alternativer Hersteller einschränkt.

An diesem Punkt setzt diese Arbeit an, indem ein Filter entwickelt und erweitert werden soll, welches in der Lage ist, eine Schwingungsüberhöhung in der Lagereglerbandbreite zu dämpfen. Dies ist als besonders anspruchsvoll einzuschätzen, da Fehler nicht durch übergeordnete Kaskaden korrigiert werden können.

Zusätzlich existieren diverse Sonderfunktionen, die auf eine separate Anregung reagieren. Zwei genannte Beispiele sind die Dämpfung eines Drehmeisels mittels Piezo-Aktors oder ein aktiver Dämpfer. Entsprechende Sonderlösungen werden aber reduziert eingesetzt, da sie einen erheblichen Zusatzaufwand erfordern. Hierzu zählt beispielsweise die Ansteuerung eines aktiven Dämpfungselements.

Die Aktualität der Schwingungsdämpfung in Vorschubantrieben für Werkzeugmaschinen zeigt sich aber speziell in den verschiedenen Verfahren, die die verschiedenen Hersteller in ihre Produkte integriert haben. Hierzu zählen nicht nur die Beobachterverfahren sondern auch unterschiedliche Speziallösungen wie Vibration-damping Control der Firma Fanuc.

Zusätzlich zur Aktualität kommt somit noch die Sensibilität der Themenstellung hinzu. Die unterschiedlichen verfolgten Ansätze sind direkt ein Indikator, dass Verfahren zur Schwingungsreduktion Unternehmens Know-How bilden, welches Wettbewerbsvorteile sichert.

3 Aufgabenstellung und Zielsetzung

Task definition and objectives

Der Aufbau und die Wirkungsweise eines Vorschubsystems für Werkzeugmaschinen zeigen, dass die erreichbare Performance und die Schwingungsneigung eines Antriebssystems in der Positionierbewegung ein Spannungsfeld bilden. Somit steigt die Neigung zum Überschwingen mit der Steigerung der Geschwindigkeitsverstärkung der Regelung. Neben dem Überschwingverhalten wirkt speziell die erste Eigenfrequenz des Vorschubsystems begrenzend auf die maximal möglichen Reglereinstellungen. Es existiert eine Vielzahl von Möglichkeiten, den Einfluss von Eigenfrequenzen der Mechanik und den Bereich der Frequenzüberhöhung zu reduzieren. In der Grobeinteilung lässt sich eine Anzahl von Methoden identifizieren, welche die Sollsignale der Vorschubregelung beeinflussen. Diese wirkungsvollen Verfahren zielen auf eine Reduktion der Anregung der Eigenfrequenzen ab, befinden sich aber in der strukturellen Anordnung außerhalb der in Kapitel 2.1.1 vorgestellten Kaskadenstruktur. Eine weitere Gruppe kann unter dem Oberbegriff Sollwertfilter im geschlossenen Regelkreis zusammengefasst werden. In diese Kategorie fallen Geschwindigkeitssollwertfilter und Stromsollwertfilter. Durch die erfüllte Aufgabe kann man ein reduziertes aber verwandtes Anwendungsgebiet ermitteln wie die Sollwertfilter, welche vor dem geschlossenen Lageregelkreis eingesetzt werden. Die Auslegung und Struktur als Differenzialgleichungen ist in den Dokumentationen und Veröffentlichungen der jeweiligen Steuerungshersteller beschrieben.

Als letzte Kategorie sind die Istwertfilter zu nennen. Bekannt aus handelsüblichen Steuerungen für Werkzeugmaschinen sind die Strom- bzw. Geschwindigkeitsistwertfilter. Trotz der regelungstechnisch üblichen Praxis werden Istwertfilter für die Lageregiung nicht in handelsüblichen Steuerungen eingesetzt. Grund hierfür sind der Phasenabfall und die Laufzeit der Filter, welche sich gerade in hochpräzisen Positionierbewegungen und der maximal nutzbaren Bandbreite als nachteilig erwiesen haben.

Als wirkungsvolle Maßnahmen zur Dämpfung von Eigenfrequenzen zeigen regelungstechnische Erweiterungen der Kaskadenregelung sehr gute Ergebnisse. Die bekanntesten Beispiele sind APC der Firma Siemens und die Dämpfungsregelung, welche in Forschungsarbeiten am ISW in Stuttgart entwickelt wurde. Zusätzlich benutzen verschiedene Steuerungshersteller Beobachterverfahren zur Verbesserung des Übertragungsverhaltens.

Es entsteht somit ein breites Spektrum an Maßnahmen zur Schwingungsreduktion, welche aber oft an die spezifischen Steuerungshersteller gekoppelt bleiben. Eine unabhängige Methode, wie sie durch eine steuerungsexterne Kompensation von schwingungsfähigen Verhalten entsteht, fehlt in der industriellen Anwendung und auch in der wissenschaftlichen Diskussion.

Ziel dieser Arbeit ist es, einen Lageistwertfilter zu entwerfen, welcher steuerungsextern angewendet wird. Hierbei liegt der Fokus auf der Realisierbarkeit und den Eigenschaften, welche durch einen Lageistwertfilter entstehen. Als Endresultat wird ein funktionstüchtiger Prototyp entworfen, der als Grundlage für weitere Forschungsarbeiten dient.

Hohe Anforderungen an schnelle, hochpräzise und zugleich energieeffiziente Fertigungsprozesse erfordern nicht nur neue Maschinenkonzepte, sondern insbesondere auch neue Steuerungs- und Regelungskonzepte. Für die Maschinenhersteller ergibt sich ein anderes Bild, dass der Zugang zu den Funktionen der Steuerung stark eingeschränkt ist und keine oder nur minimale Eigenentwicklungen eingebracht werden können. (Zitiert nach [RöSD09].)

Das Beispiel aus der aktuellen Fachliteratur zeigt Handlungspotenzial auf, welches zusätzlich die Probleme eines Maschinenherstellers verdeutlicht. Aus diesem Grund wurde das Einmischverfahren (Kapitel 4.1.1) zur Umsetzung eines Lageistwertfilters ausgewählt. Es integriert sich als steuerungsexterne Funktionalität in ein Maschinenkonzept und erlaubt durch den Aufbau und eine benutzerfreundliche Schnittstelle die Realisierung von weiteren Zusatzfunktionen.

Um das Einmischverfahren nutzen zu können, wird zu Beginn der Arbeit mittels einer Systemanalyse das statische und dynamische Verhalten des Einmischverfahrens betrachtet. Aufbauend auf den ermittelten Ergebnissen erfolgt ein Filterentwurf. Die Auswahl eines Filters orientiert sich an den gegebenen Schnittstellen und dem dynamischen Verhalten des Einmischverfahrens. Der Filterentwurf wird anschließend mathematisch betrachtet und diskutiert.

Mit dem entworfenen Filterprototyp werden erste praktische Erfahrungen gesammelt, indem er in eine KGT-Achse eines Prüfstands integriert und zudem das Verhalten simulativ betrachtet wird. Aufbauend auf den Ergebnissen wird das Filtersystem im Zusammenspiel mit einem Bearbeitungszentrum und einer konventionellen Steuerung untersucht.

Mit dem Bearbeitungszentrum ist eine Erweiterung auf einen Mehrachsbetrieb möglich, welcher an ein Lageistwertfilter verschiedene zusätzliche Herausforderungen stellt. Diese werden analysiert und hinsichtlich der Wirtschaftlichkeit und dem Einsatzzweck betrachtet. Der Abschluss der inhaltlichen Arbeiten über die Realisierung und den Einsatz eines Lageistwertfilters wird über die Herstellung eines Probewerkstücks und die statistische Fehlerauswertung realisiert. Diese sind erforderlich, da sich eine Vorschubachse mit Filter harten Produktionsbedingungen stellen muss, um industriell Anwendung zu finden.

Kapitel 7 fasst die Arbeit zusammen und bietet einen Ausblick auf noch nicht untersuchte Themenstellungen, welche für den Einsatz in einer Werkzeugmaschine künftig betrachtet werden sollten.

4 Einmischverfahren und Modellierung

Shifting method and modeling

Die Aufgabenstellung, der Stand der Technik und die Untersuchungen am Bearbeitungszentrum DBF 630 (vgl. Kapitel 6) zeigen, dass mit steigenden Reglerfaktoren eine stetige Zunahme von schwingungsfähigen Verhalten in Vorschubantrieben entsteht. Nach den vorgestellten Verfahren und Ansätzen soll eine neue Methode zur Reduktion von Schwingungen außerhalb von Werkzugmaschinensteuerungen aufgezeigt werden. Mit dieser Methode wird eine Herstellerabhängigkeit vermieden. Um das Verfahren des Einmischens von Weginkrementen, welches in Kapitel 4.1.1 vorgestellt wird, zu erweitern, so dass zusätzliche Anwendungsmöglichkeiten als Filter entstehen, wird zu Beginn der Arbeiten eine Systemanalyse durchgeführt.

Als zweiter Schritt folgt die Modellierung des Einmischverfahrens. Die Abbildung der Funktionsweise erfolgt in Matlab/Simulink und stellt einen wichtigen Schritt für das weitere Vorgehen innerhalb der Arbeit dar, da an dem erstellten Modell Systemgrenzen ermittelt und zugleich systemkritische Zustände untersucht werden können. Um die Funktionen der Modellierung des Einmischverfahrens zu untersuchen und eine Verifikation der Modellierung zu erreichen, muss zwischen zwei im Betrieb gleichzeitig auftretenden Systemverhalten unterschieden werden – dem statischen und dem dynamischen Systemverhalten. Speziell mit dem Ziel, einen Filter für den Lageregelkreis zu generieren, ist diese Differenzierung notwendig.

Das statische Systemverhalten bezeichnet im Allgemeinen die Grundverstärkung und das Übertragungsverhalten für Frequenzen gegen Null. Im Anwendungsbereich eines Einmischfilters für den Einsatz in Vorschubantrieben für Werkzeugmaschinen wird diese Definition erweitert. So wird unter statisch zusätzlich das abgeschlossene Einmischverhalten einbezogen, da dieses in Bezug auf die Taktzeit der Regelung deutlich schneller ausgeführt wird (siehe Kapitel 4.3). Das Systemverhalten ist ein integrales Übertragungsverhalten (vgl. Kapitel 4.2). Im hier vorliegenden Fall einer digitalen Integration wird somit der zum Tastzeitpunkt (T_S) abgeschlossene Integrationsschritt zum statischen Verhalten gezählt. Des Weiteren ist in diesem Fall zu beachten, dass der Einmischvorgang als abgeschlossen anzusehen ist, wenn auf das Übertragungsverhalten einer angestrebten Filterung Bezug genommen wird. Somit umfasst die Definition des statischen Systemverhaltens den Einmischprozess an sich und die Realisierung des integralen Übertragungsverhaltens, welches durch den Einmischprozess entsteht (siehe Kapitel 4.3.1).

Das dynamische Systemverhalten befasst sich dagegen mit der Umsetzung eines Übertragungsverhaltens, welches für die Integration in einen Vorschubantrieb für Werkzeugmaschinen erforderlich ist. Es geht von einem aktiven parallelen Signalzweig innerhalb des erweiterten Einmischverfahrens aus, welcher neue Systemeigenschaften generiert, die das Antriebssystem beeinflussen und an welche entsprechende Randbedingungen geknüpft sind, um den Einsatz in Werkzeugmaschinen zu ermöglichen.

Ein exemplarisches Beispiel für diese Randbedingungen ist, dass das dynamische Systemverhalten eines Rückführzweiges in der Positionsregelung für tieffrequente Signalanteile die Übertragungsfunktion gleich „1“ besitzen muss, um so die Positioniergenauigkeit eines Antriebs sicher zu stellen.

Um die diskutierten Systemverhalten (statisch und dynamisch) zu modellieren und zu verifizieren, wird das Einmischverfahren auf einer DSP Karte in ein RCP-System integriert. Als RCP-System konnte ein xPC Target System der Firma Mathworks genutzt werden. Diese Lösung erlaubt die Variation der Systemeigenschaften und den Einsatz verschiedener Filter. Für die Umsetzung des Einmischverfahrens als xPC Target System wurden entsprechende Treiber erstellt und die verschiedenen Betriebsmodi analysiert. Zusätzlich erlaubt xPC Target mittels einer definierten Echtzeitumgebung die exakte Analyse der genutzten Frequenzbereiche und kann Rückschlüsse liefern, welche Grenzbereiche mit dem Einmischverfahren erreichbar sind.

4.1 Lageistwertfilterung in Vorschubachsen mit AFS

Actual position value filtering in feed drive axes with AFS

Wie in Kapitel 2.4 gezeigt, wird eine Lageistwertfilterung in Vorschubachsen bei Werkzeugmaschinen nicht verwendet. In [MBH10] ist ein Istwertfiltersystem zum Patent angemeldet, welches eine steuerungsexterne Möglichkeit aufzeigt, eine Lageistwertfilterung durchzuführen. Als zentrales Umsetzungsverfahren wurde das in Kapitel 4.1.1 vorgestellte Einmischverfahren eingesetzt.

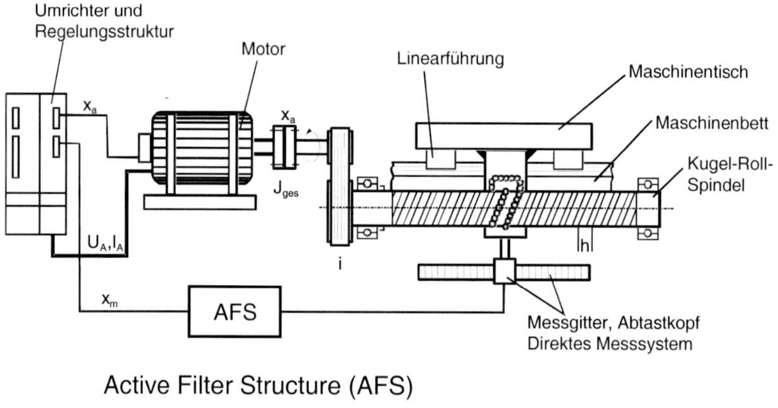

Bild 4.1: Vorschubantrieb mit Lageistwertfilter [MBH10]

Feed drive with actual position filter

Da die Offenlegungsschrift nur die Grobstruktur einer Istwertfilterung beschreibt und somit keine verifizierten Erkenntnisse veröffentlicht sind, werden im Rahmen der folgenden Kapitel das Potenzial und die Anwendbarkeit der Istwertfilterung untersucht. Gleichzeitig werden Konzepte zur Filtereignung und zur Filterauslegung erarbeitet.

Darüber hinaus sind keine Erfahrungen bekannt, welche die Eigenschaften von Positionsistwertfiltern an Vorschubsystemen widerspiegeln. Diesen Punkt greift die Arbeit auf. Sie untermauert den Anspruch, dass eine Lageistwertfilterung eine Option darstellt, einen Vorschubantrieb in seinen Eigenschaften zu verbessern.

Aus diesem Grund wird an dieser Stelle darauf verzichtet, das Verfahren aus [MBH10] vorzustellen, da die folgenden Kapitel den Weg der Umsetzung und die notwendige Analyse bzw. Erweiterung des Einmischverfahrens in den entsprechenden Einzelschritten erläutern. Sie zeigen, dass eine Istwertfilterung nicht nur möglich ist, sondern auch, dass verschiedene Konzepte der Auslegung existieren. Die Auslegungskonzepte müssen in der Anwendung auf ein Vorschubsystem angepasst werden.

Eine Istwertfilterung ist in Werkzeugmaschinensteuerungen teilweise vorgesehen, bleibt aber zum gegenwärtigen Zeitpunkt lediglich auf Peripherieeingänge beschränkt. Ein exemplarisches Beispiel stellt die Siemenssteuerung Sinumerik SL dar, in welcher funktionale Regelungseingänge mit Istwertfiltern bestückt sind. Diese Regelungen werden aber ausschließlich für Temperaturregelungen oder ähnliche Umgebungsbedingungen benutzt und stellen somit keine Alternative für eine Lageregelung dar.

4.1.1 Einmischverfahren

Shifting method

Aufbauend auf den dargestellten Verfahren und Möglichkeiten zur Interpolation und Auswertung von inkrementellen Positionsmessungen bildet das folgende Thema eine Sonderstellung für die erarbeiteten Ansätze. Das Verfahren zur Steuerung einer Positioniereinrichtung ist unter [Mirb99] umfassend beschrieben und erläutert. Um eine ausreichende Verständlichkeit zu gewährleisten und verschiedene Eigenschaften zu erläutern, werden die Grundfunktionalität sowie die Realisierung nachfolgend beschrieben. Als Beispiel soll ein Vorschubsystem einer Werkzeugmaschine genutzt werden, welches die translatorische Bewegung durch einen Kugelgewindetrieb (KGT) realisiert. Der entsprechende Aufbau ist in Bild 2.1 dargestellt.

Das Verfahren zur Steuerung einer Positioniereinrichtung zeigt eine Möglichkeit auf, die Sensorsignale (Sinus-Cosinus-Signale) zu manipulieren, indem zwischen Steuerung und Positionssensor eine zusätzliche Recheneinheit integriert wird.

<u>Aufbau des Einmischverfahrens:</u>

Die Funktionsweise folgt [Mirb99, Abb.4] und ist in Bild 4.2 skizziert. Der Eingangsinterpolator dient der exakten Positionsbestimmung des Vorschubsystems und konfiguriert den FPGA. Über den FPGA werden Korrekturwerttabellen ausgelesen. In diesen Tabellen sind Korrekturwinkelwerte hinterlegt, welche der Phasenmischer phasenrichtig in den Einheitskreis einer Sinusschwingung einmischt. Mit Hilfe der Korrekturwinkel werden somit zusätzliche Wegsegmente in das sinusförmige Sensorsignal eingebracht, indem der Auflösung angepasste Additionsoperationen ausgeführt werden. Die Korrekturtabellen sind mit den Arcustangenstabellen der digitalen Interpolation vergleichbar. Das modifizierte Messsystemsignal wird an die NC-Steuerung der zu manipulierenden Vorschubachse weitergegeben. Der Ausgangsinterpolator hat in der bisherigen Verwendung keine systemrelevante Funktion. Er dient speziell der Überprüfung des Einmischvorgangs.

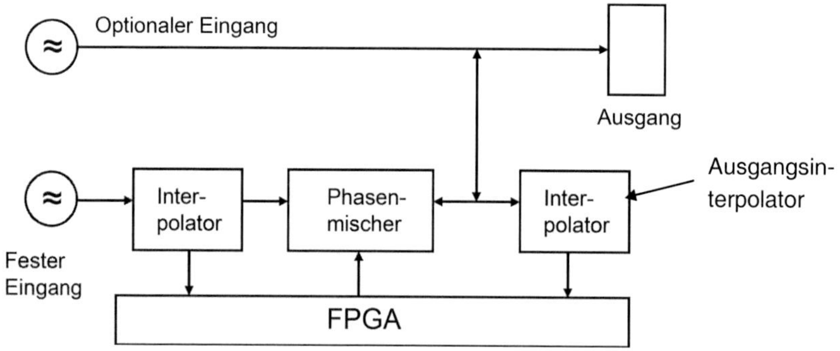

Bild 4.2: Struktureller Aufbau des Einmischverfahrens [Mirb99]

Structure layout of shifting method [Mirb99]

Einsatzzweck und Funktionsweise:

Das Manipulations- bzw. das Steuerungsverfahren mittels Phasenmischer (Bezeichnung gemäß [Mirb99]) ist dadurch definiert, dass es unabhängig von jeder Steuerung eingesetzt werden kann. Es realisiert eine Auftrennung des Messsystemsignalzweiges und setzt an der analogen Schnittstelle an. An dieser Trennstelle ist die Steuereinrichtung, welche im Weiteren als Phasenmischer bezeichnet werden soll, in einen Positionsregelkreis einer Vorschubachse eingefügt.

Der Einsatzzweck des Phasenmischgatters (Interpolatoren, FPGA und Phasenmischer) besteht in der gezielten Veränderung der Messsystemsignale, welche als inkrementelle, analoge Positionssignale durch den Positionssensor bereitgestellt werden. Im Fall einer Strukturdeformation der genutzten Maschine, wie sie durch thermische Verformung entstehen kann, wird der entstehende Fehler extern ermittelt und als definierte Korrekturwerte zur Laufzeit der Vorschubachse durch den Phasenmischer mit dem aktuellen Positionswert verrechnet. Mittels dieser Lösung ist eine Kompensation von Maschinenfehlern analog zu den Produkten verschiedener Steuerungshersteller möglich, welche beispielsweise in [Bret09] und [Warn09] dargestellt sind.

Eine Umsetzung der Manipulationswerte zur Laufzeit ist mit einem Verfahren möglich, welches analog arbeitet und somit keine relevante Zeitverzögerung durch die Manipulation entstehen lässt. Dies ist durch das vorgestellte Verfahren sichergestellt, da die Manipulation der analogen Positionswerte durch einen ebenfalls analog ausgeführten Phasenmischer realisiert wird. Dieser verändert die Messsystemsignale nach folgendem Muster:

$$U_{ME} = \sin(\varphi_1 \pm \varphi_2), \quad bzw. \quad U_{ME} = \sin(\varphi_1 \pm p \pm \varphi_2) \quad \text{nach [Mirb99]} \qquad (4.1)$$

Der Korrekturwinkel φ_2 als Steuervariable bzw. vorgegebenes Eingangssignal des Phasenmischers wird vom Anwender bestimmt. Dieser trägt somit auch die funktionale Verantwortung. Der Eingang ist mit einem Sollwerteingang eines Regelkreises vergleichbar. Unter funktionaler Verantwortung ist in diesem Zusammenhang die korrekte Funktion der entstehenden Manipulation zu verstehen. Da mit dem Verfahren in die Steuerung einer Maschine eingegriffen wird, kann eine Fehlfunktion, welche beispielsweise durch Vorzeichenfehler entsteht, zu nicht kontrollierbaren Verfahranweisungen führen. Entsprechende Fehlfunktionen werden nur mit definierten Überwachungsfunktionen in der Maschinensteuerung [Sie10] detektiert, welche zu einer Notabschaltung führen.

In der Anwendung bestehen für den Korrekturwinkel keine Restriktionen. So ist dieser nicht auf einen Weg (Einheitskreis als Signalperiode) von 2π beschränkt. Durch diese Eigenschaft wird eine Steuerbarkeit eines Werkzeugmaschinenantriebs ermöglicht. Die in dem betrachteten Beispiel eines Vorschubantriebs zu realisierenden Wegkorrekturen werden somit als Sollwinkel dem Phasenmischer zugeführt und sind in unterschiedlich große einstellbare Kreissegmente aufgeteilt. Die Größe der Segmente orientiert sich an der Signalperiode des genutzten Messsystems, welche in 256, 512 oder 1024 Segmente geteilt werden kann (Kreisauflösung).

Um die Arbeitsweise zu verdeutlichen, soll anhand eines Beispiels der funktionale Weg betrachtet werden: Will ein Anwender eine Korrektur (z.B. 5 µm) des zurückgelegten Wegs durchführen, wird die Signalperiode des Messsystems (20 µm Gitterteilung) herangezogen. Betrachtet man nun das zu korrigierende Wegsegment (5 µm) und zieht in Analogie den Einheitskreis heran, dann ist ein Winkel von 90° im Sensorsignal zu verändern. Dieser wird nun in Kleinstschritten aus den Korrekturwerttabellen ermittelt und in einem Register hinterlegt. Nach der analogen Abarbeitung der Korrektur wird der Wert aus dem Register gelöscht und somit entsteht für die Steuerung eine Verfahrbewegung, welche real nicht stattgefunden hat. Die aktive Lageregelung korrigiert daraufhin die Position des Vorschubantriebs. Durch diese Funktionsweise erklärt sich der Titel des Verfahrens [Mirb99].

Schnittstellen des Einmischverfahrens:

Als Schnittstelle stehen die definierten Register des Phasenmischers zur Verfügung, welche durch eine echtzeitfähige Software koordiniert werden. Als einzelne Schnittstellen sind ein Eingangsinterpolator, ein Ausgangsinterpolator (lesend, mit Prüf- und Überwachungsfunktion) und das zu beschreibende Sollwertregister (Mischeingang - schreibend) realisiert. Zusätzlich müssen für den Betrieb noch verschiedene Konfigurationen getroffen werden. Tabelle 4.1 stellt die für diese Arbeit wichtigen Einstellfaktoren kurz vor.

Tabelle 4.1: Zusätzliche Einstellfaktoren für das Einmischverfahren

Interpolationsrate	Ein- und Ausgangsinterpolator
Kreisauflösung	Unterteilung des Einheitskreises in Zwischenschritte
Messsystemauflösung	Grundlage der Berechnung für einzumischende Wegsegmente

Für die Untersuchungen und alle Versuche stand das Einmischverfahren als PC-Einsteckkarte zur Verfügung. Die Hardwareumsetzung erfolgte durch den Hersteller, entsprechend Bild 4.2, somit ist eine Modifikation oder Veränderung nicht möglich.

4.1.2 Pulsmischverfahren

Pulse shifting method

Das Pulsmischverfahren basiert auf der identischen Architektur wie das Einmischverfahren. Das Pulsmischverfahren verarbeitet Rechtecksignale (TTL), welche entstehen, wenn eine Interpolation bzw. eine Vorverarbeitung der Sensorsignale im Messkopf besteht. Beide Verfahren beinhalten die gleiche Funktionalität und den Leistungsumfang [Mirb99]. Die Auswahl des zu nutzenden Verfahrens obliegt dem Anwender.

Für die weitere Arbeit wurde ausschließlich das Einmischverfahren genutzt.

4.2 Systemanalyse des Einmischverfahrens

System analysis of the shifting method

Die Systemanalyse dient zur Ermittlung des Übertragungsverhaltens. Die Hardware wird als Black-Box betrachtet, und mittels einer Autoregressionsanalyse ([ZiWe06], [Best91]) kann das Übertragungsverhalten bestimmt werden.

Für eine Autoregressionsanalyse ist der Einmischkanal mit einer stochastischen Eingangsfunktion belegt und der Messsystemausgang, welcher zur Steuerung führt, aufgezeichnet worden. Das Ergebnis ist in Bild 4.3 über den Frequenzbereich dargestellt. Die Amplitude ist in m/m skaliert und wird einheitenlos abgebildet. Mit einer Abtastrate von 1ms müssen die Frequenzanteile im Bereich über 500 Hz ausgeschlossen werden. Es zeigte sich aber in den Untersuchungen, dass der Frequenzbereich auf 500 rad/s (80 Hz) eingeschränkt werden muss. Die genutzte Anregungsfunktion erlaubt keinen vergrößerten Messbereich ohne entsprechende Signalverluste. Dies trifft zusätzlich auf Frequenzen kleiner 0,1 rad/s (0,02 Hz) zu, da die Anregungsfunktion [Math10], [Best91] in diesem Bereich keine zuverlässigen Aussagen ermöglicht.

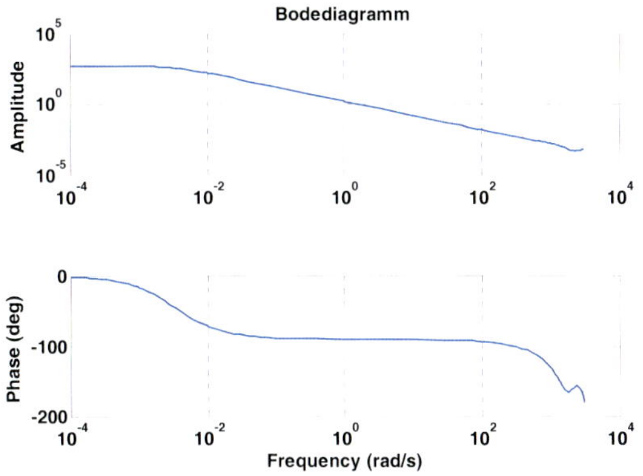

Bild 4.3: Autoregressionsanalyse des Einmischverhaltens in prototypischer Hardware

Autoregression analysis of the shifting method with prototype hardware

Es wird deutlich, dass das dargestellte Verhalten ein integrierendes System beschreibt. Das Ergebnis zeigt einen Phasenabfall im Nutzfrequenzbereich von 90° an - als charakteristisches Merkmal eines integrierenden Systemverhaltens. Ein ideales Integralglied würde einen Amplitudenabfall von 20 dB/Dekade [Günt97] besitzen. Dieser Sachverhalt ist in der Auswertung der Ergebnisse nicht gegeben, da die internen Einstellungen des Einmischverfahrens und die angestrebte Grundverstärkung durch einen Algorithmus eine Integrationsskalierung erfordern. Somit wird in der Auswertung ein Amplitudenabfall von 20 dB/Dekade nur durch entsprechende Rundung erreicht.

Als grundlegende Aussage einer Identifikation bildet das Einmischverfahren ein integrales Übertragungsverhaltens aus, wobei die Intensität der Integration über Softwarefunktionen angepasst werden kann. Als Skalierungsfaktoren der Integration sind die Einstellwerte des Einmischverfahrens (siehe Tabelle 4.1) ausschlaggebend und somit abhängig von den gewählten Parametern.

Das ermittelte Integralverhalten hat weitreichende Konsequenzen für das Betriebsverhalten einer angestrebten Filterung von Positionssignalen. Es muss sichergestellt werden, dass dem Einmischverfahren immer Geschwindigkeitswerte als Eingangsfolge zur Verfügung stehen. Als Eingangssignal steht durch das direkte Positionsmesssystem nur ein Positionswert zur Verfügung. Die Erzeugung eines Geschwindigkeitssignals erfolgt im Allgemeinen durch Differenziation des Positionssignals.

Als Schlussfolgerung ergeben sich zwei mögliche Umsetzungswege für die Modellierung des Einmischverfahrens, welche es erlauben, mit differenzierten Positionssignalen zu arbeiten. Die Auswertung der Istposition des Maschinentisches erfolgt bei beiden Varianten über den Eingangsinterpolator.

Möglichkeit A erfordert eine direkte Differenziation der mittels Eingangsinterpolator ermittelten Positionen sowie die Realisierung der angestrebten Filterung ausschließlich mit Geschwindigkeitssignalen.

Möglichkeit B liegt darin, die Differenziation erst unmittelbar vor dem Einmischprozess durchzuführen und alle Filtersysteme und Signalverarbeitungen mit dem ermittelten Istweg durchzuführen.

Da beide Möglichkeiten mathematisch konsistent und somit redundant sind, wird in der vorliegenden Arbeit Variante B verfolgt und Variante A verworfen. Der Ausschluss der Variante A erfolgte durch die größere Verarbeitungszeit der Messwerte und der damit verbundenen Performanceverluste.

Es ist als ein Vorteil zu werten, dass als Nutzsignal für das Einmischverfahren nur Geschwindigkeitssignale eingesetzt werden können. Somit ist sichergestellt, dass bei stehendem Vorschubsystem keine Modifikation des Positionsistwertsignals erfolgt und damit eine Filterung keinen Einfluss auf das statische Verhalten eines Vorschubantriebs nehmen kann, da die Geschwindigkeit bei stehendem Antrieb Null ist. Gleichzeitig erhöht diese Eigenschaft aber auch die Anforderungen an den zu realisierenden Filter, da dieses keine Auswirkungen haben darf, wenn die Bewegung des Maschinentisches abgeschlossen ist. Somit muss jede Funktion, welche durch den Filter entsteht, abgeschlossen sein, wenn der Antrieb durch die Lageregelung den gewünschten Positionswert erreicht.

4.3 Modellbildung des Einmischverfahrens

Modeling of the shifting method

Aufbauend auf den Ergebnissen der Autoregressionsanalyse wurde ein Simulationsmodell entworfen, das eine der Grundvoraussetzungen für die weiteren Arbeitsschritte darstellt. Das Simulationsmodell bildet den Einmischvorgang ab und kann damit flexibel in erweiterte Modelle eingesetzt werden. Da der Einmischprozess als analoge Funktion ausgeführt wurde [Mirb99] und für diese Arbeit zur Verfügung gestellt wurde, existieren zwei unterschiedliche Wege, ihn simulativ abzubilden. Ein analoger Prozess kann emuliert werden, indem dieser mit einer mindestens 10-mal höheren Taktzeit in ein digitales Modell integriert wird (analog dem Nyquist-Shannon-Theorem, [WeBr06]). Die Umsetzung stellt in der Praxis keine nutzbare Möglichkeit dar, da die Rechenzeit für die angestrebte Simulation eines Vorschubsystems extrem lang wird. Die zweite Möglichkeit, den Einmischvorgang abzubilden, besteht darin, dem einzumischenden Signal eine Systemdynamik aufzuprägen. Für diese Lösung muss tastzeitgenau der einzumischende Wert ermittelt und dieser im Folgenden mit einem idealen Integrationsverhalten verrechnet werden. In der Umsetzung muss sichergestellt sein, dass zur Abarbeitung der aufgeprägten Integration ein neu berechneter und skalierter Wert am Integrator anliegt.

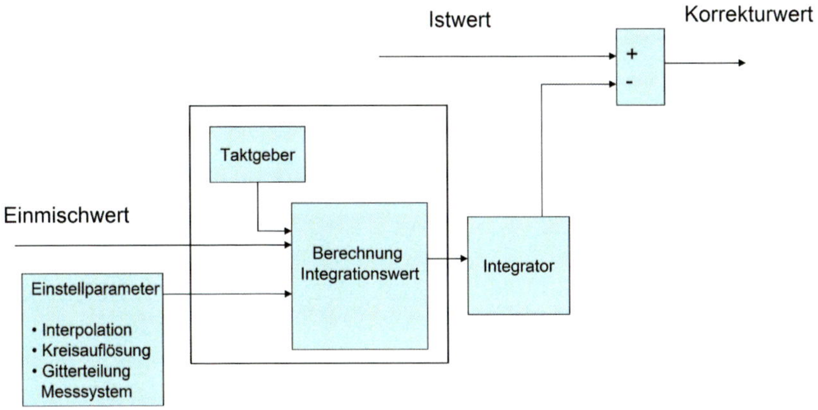

Bild 4.4: Grundlegende Struktur des Simulationsmodells (des Einmischverfahrens)

Basic structure of simulation model (shifting method)

Bild 4.4 illustriert die Grundstruktur des Simulationsmodells, welche dem Einmischvorgang ein integrales Verhalten aufprägt. Um dem Integrator die korrekten Eingangswerte zu liefern, muss deren Berechnung in einem höher getakteten Systemteil vorberechnet werden. Die Vorberechnung beinhaltet nur Additions- und Multiplikationsoperationen, welche nur minimale Rechenzeit in der Simulation benötigen. Das Resultat wird dann an den nachfolgenden Integrator weitergegeben. Dieser ist nun in der Lage, im Systemtakt des Einmischverfahrens zu arbeiten. Es entsteht aber als Nachteil eine Zeitverzögerung von einer Tastzeit. Um die Abbildung des Einmischverfahrens abzuschließen, erfolgt eine Subtraktion des Integratorausgangs mit dem Istwert des Messsystemsignals. Mit dieser Umsetzung ist das Einmischverfahren in seiner Funktion und Arbeitsweise vollständig als Simulationsmodell abgebildet.

Im nachfolgenden Arbeitsschritt wird das modellierte Einmischverfahren auf die korrekte Funktionsweise überprüft. Dies unterteilt sich in verschiedene Teilbereiche. Zunächst erfolgt eine Betrachtung des statischen Verhaltens in mehreren Versuchen. Anschließend wird das dynamische Verhalten an einer Reihe von Prüfstandsversuchen beurteilt.

4.3.1 Statisches Systemverhalten

Static behavior

Für die Charakterisierung des statischen Systemverhaltens wird eine Folge von Eingangswerten gewählt, in welcher alle einzumischenden Eingangswerte den Wert „Null" besitzen, mit Ausnahme von zwei aufeinander folgenden Funktionswerten, die zum Zeitpunkt $T_0 = 5$ s den Wert 0,001 m annehmen.

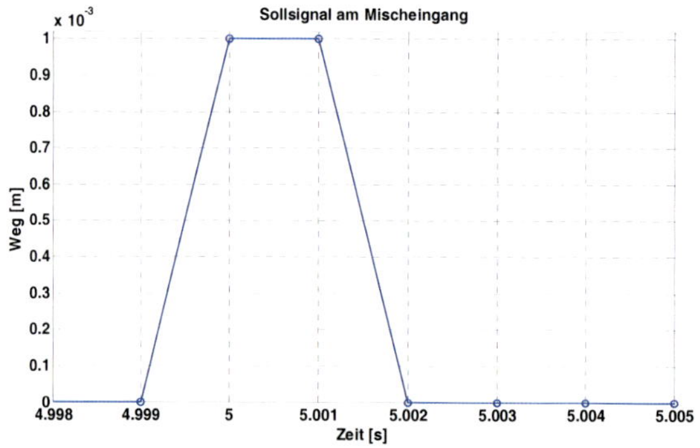

Bild 4.5: Eingangsfolge für den Einmischprozess

Entry sequence to the shifting process

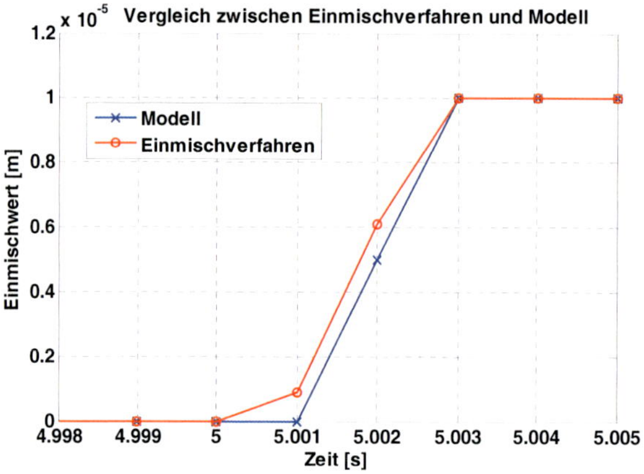

Bild 4.6: Ausgangsfolge des Einmischprozesses

Exit sequence to the shifting process

Bild 4.5 illustriert die Eingangsfolge. Zur besseren Lesbarkeit sind die einzelnen Werte mit einer linear interpolierten Linie miteinander verbunden worden. Bild 4.6 zeigt die Ausgangsfolge nach dem Mischprozess jeweils am realen System sowie am Modell. Es wird deutlich, dass das Modell einen Zeitschritt verzögert reagiert.

Im Gegensatz dazu beginnt der analoge Einmischvorgang direkt mit der Abarbeitung der Eingangsfolge. Mit einer gewählten Tastzeit von 1 ms entsteht ein analoges Einmischverhalten. Dies wird durch die lineare Abarbeitung des Simulationsmodells hinreichend genau approximiert.

Für einen Einsatz im Lageistwertsignal müssen zwingend zwei Eigenschaften erfüllt sein: Der Systemausgang des Modells darf nicht von der Realität bzw. der Messung abweichen und die Abarbeitung der Einmischwerte muss zum gleichen Zeitpunkt abgeschlossen sein. Beide Bedingungen sind mit der realisierten Modellierung erfüllt. Statisch kann mit dem Ergebnis die Modellierung als abgeschlossen betrachtet werden, da auch das integrale Systemverhalten korrekt abgebildet wird. Diese Erweiterung der statischen Eigenschaft wurde zuvor definiert (vgl. Beginn Kapitel 4). Gleichzeitig kann die Skalierung der Ausgangsfolge entnommen werden. Diese ist aber nur repräsentativ für einen Betriebsmodus des Einmischverfahrens (Interpolationsfaktor 200, Messsystemauflösung 20 µm, Kreisauflösung 256). Nutzt man weitere Betriebsmodi, so ändert sich die Integrationsverstärkung; diese kann aus den Kenngrößen berechnet werden.

4.3.2 Dynamisches Systemverhalten im Funktionskreis

Dynamic behavior in the function loop

Im Abschnitt 4.2 konnte mittels einer Autoregressionsanalyse das dynamische Verhalten des Einmischverfahrens ermittelt werden. Dies zeigt eindeutig ein integrales Verhalten. Um aber das Einmischverfahren nutzen zu können, müssen modifizierte Messsystemistwerte über den Einmischprozess eine Signalmanipulation im Nutzfrequenzbereich erlauben. Diese Eigenschaft ist für den Anwendungsfall eines Istwertfilters zwingend erforderlich. Dieser Funktionsaufbau ist in Bild 4.7 abgebildet. Es entsteht ein aktiver, parallel verlaufender Signalzweig, welcher neue Systemeigenschaften generiert. Der Aufbau wird im Folgenden als Funktionszweig bezeichnet und wird in diesem Kapitel untersucht. Zusätzlich wird an dieser Stelle erstmals die Kompensation des integralen Systemverhaltens des Einmischverfahrens berücksichtigt, indem vor der Verarbeitung der einzumischenden Werte eine Differenziation erfolgt.

Für den Einsatz der angestrebten Lösung nach [MBH10] wird der Istpositionswert im Parallelzweig mit einem Faktor K_F skaliert, im Weiteren differenziert und an den Eingang des Einmischverfahrens weitergereicht. Faktor K_F erlaubt die Amplitudenanpassung der zu filternden Signale. Damit entsteht das angestrebte Eigenverhalten des erweiterten Einmischverfahrens im Regelkreis eines Vorschubantriebs.

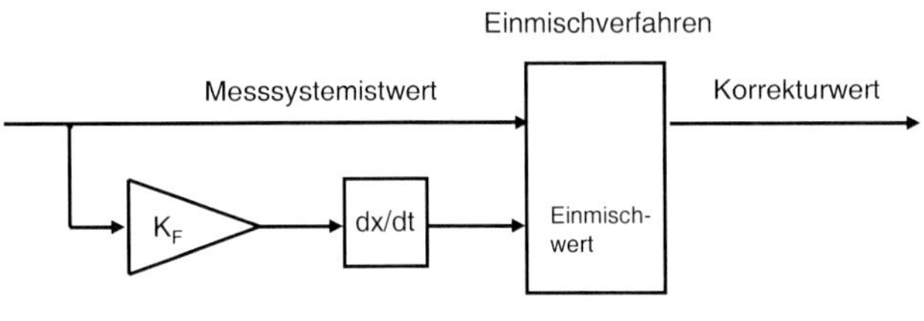

Bild 4.7: Funktionsaufbau für das dynamische Systemverhalten, Funktionszweig

Layout of the dynamical behaviour, function path

Um das neu entstehende Übertragungsverhalten messtechnisch zu erfassen, muss ein Messsystemkopf eines Positionsmesssystems gezielt über einen breiten Frequenzbereich angeregt werden. Mit dem aktuellen Stand der technisch verfügbaren

Möglichkeiten ist die Anregung nur mit einem Lineardirektantrieb möglich, welcher für die Messreihen mit einem separaten Messkopf bestückt wurde.

Durch die Nutzung eines zusätzlichen Messkopf ergeben sich in der Auswertung weitere Möglichkeiten. Es besteht unter anderem die Kontrollmöglichkeit der Messdatenaufnahmefunktion des Einmischverfahrens sowie deren Umsetzung in einem xPC Target System. Eine Prüfung dieser Funktion wurde durchgeführt und bestätigte die Eignung. Aus Gründen der Übersichtlichkeit wurde auf eine Darstellung verzichtet.

Der Lineardirektantrieb wird für die Untersuchungen zum dynamischen Verhalten in Lageregelung mit einem dSpace System betrieben. Diese Konstellation ermöglicht das Anregungssignal in Rohform und zusätzlich das modifizierte Signal des Einmischverfahrens aufzunehmen. Der Messaufbau wird in Bild 4.8 dargestellt. Um im tieffrequenten Bereich zwischen 15 und 50 Hz eine gezielte Einschätzung des Eigenverhaltens zu ermitteln, wurde als Anregungssignal ein Sinuswobbeln verwendet. Gemessen wurde das Positionssignal am Messkopf.

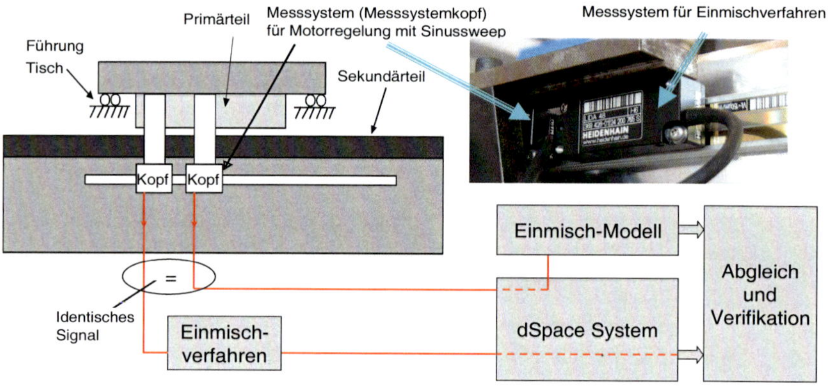

Bild 4.8: Schematisierter Messaufbau zum dynamischen Systemverhalten

Measurement scheme of the dynamical behaviour

Mittels der Aufzeichnung der Istpositionswerte der Lageregelung (dSpace) können das Simulationsmodell und das Einmischverfahren mit identischen Werten betrieben werden. Eine Darstellung des sich ergebenden Systemverhaltens ist in Bild 4.9 hinterlegt. Es ist das gemessene Istwegsignal gegen den entstehenden Korrekturweg aufgetragen gemäß Bild 4.7:

$$\frac{X_{Istweg}}{X_{Korrekturweg}} = \ddot{U}bertragungsverhalten \tag{4.2}$$

So wird deutlich, dass der Amplitudengang bis zu einer Frequenz von 150 Hz dämpfendes Verhalten aufzeigt, im weiteren Verlauf und bei höheren Frequenzen aber ein verstärkendes Verhalten zu beobachten ist. Der Phasenverlauf weist ein unübliches Verhalten auf, da über den messtechnisch erfassten Bereich eine Phasenanhebung entsteht. Die Anhebung erreicht ihren Maximalwert bei 150 Hz und fällt danach wieder ab. Das Simulationsmodell des Einmischverfahrens gibt das Verhalten im Amplituden- und Phasengang wieder. Das realisierte dynamische System ähnelt insgesamt einem phasenanhebenden Glied (Lead-Glied) [Unbe08].

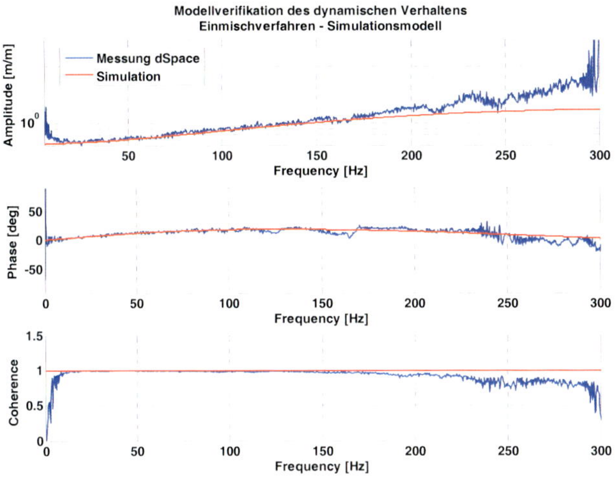

Bild 4.9: Gegenüberstellung des dynamischen Verhaltens von Einmischverfahren und Simulationsmodell mit identischen Eingangssignalen

Comparison of the dynamical behaviour between shifting method and simulation model with identical input signals

Ein Lead-Glied wird beispielsweise eingesetzt, um die Phasenreserve eines zu regelnden Systems zu erhöhen [Unbe08].

Modell und Einmischverfahren zeigen ein weitgehend identisches Übertragungsverhalten. Somit kann das Modell für das dynamische Verhalten im Vorschubantrieb als verifiziert angesehen werden.

4.4 Filterstruktur und dynamischer Positionsfehler

Filter structure and dynamic position error

Aufbauend auf den Ergebnissen der Systemanalyse und des ermittelten Eigenverhaltens des Einmischverfahrens durch die Erweiterung eines parallelen Signalzweigs kann nun ein Filter integriert werden. Mittels eines Filters wird in dem eingeführten parallelen Signalzweig erneut das dynamische Übertragungsverhalten des Einmischverfahrens verändert, indem der Filter einen Frequenzbereich (den Nutzfrequenzbereich des Filters) im Übertragungsverhalten des Einmischverfahrens modifiziert. Der eingefügte Filter ist als Grundfilter anzusehen.

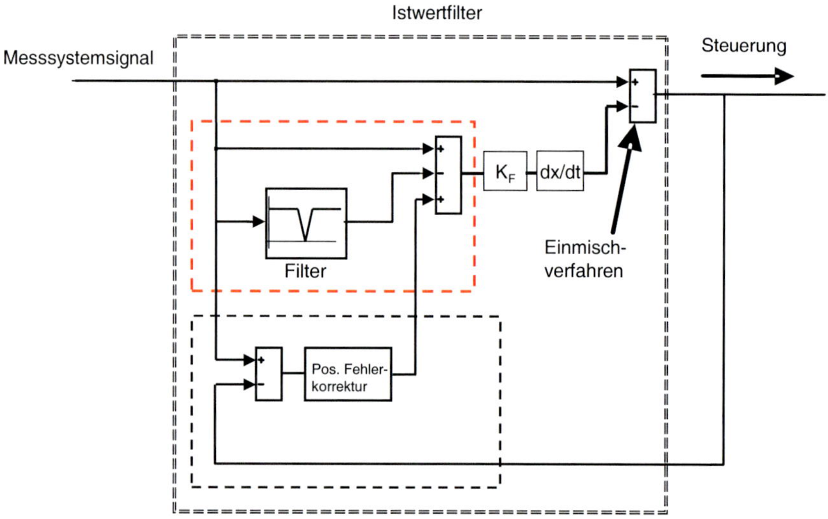

Bild 4.10: Grundstruktur des Einmischverfahrens als Filter verändert nach [MBH10]

Filter framework of the shifting method, modified from [MBH10]

Die Filterstrukturen, welche mittels des Einmischverfahrens in dieser Arbeit untersucht werden, orientieren sich an der Patentschrift [MBH10]. In Bild 4.10 ist die zu untersuchende Filterstruktur abgebildet. Das Einmischverfahren wurde in der Patentschrift als Summationspunkt angenommen. Mit den Ergebnissen aus Kapitel 4.3 ist diese Approximation zulässig, da der Einmischprozess integrales Systemverhalten besitzt und der Funktionszweig (vgl. Kapitel 4.3.2) mittels Differenziation geschlossen wird. Dadurch kompensieren sich beide mathematischen Operationen.

Der Filter wird in einen weiteren Parallelzweig zusätzlich zum Funktionszweig eingebettet und der resultierende Signalausgang vom Funktionszweig subtrahiert. Mit diesem Aufbau ergibt sich eine Beeinflussung im Frequenzverhalten des Funktionszweigs. Als Ergebnis entsteht eine Filterung der Signale. Bild 4.10 verdeutlicht die Struktur.

Für das sich nun ergebende Frequenzverhalten gilt der Zusammenhang:

$$G_{Grundfilter} = 1 - G_{Filter} \tag{4.3}$$

Im Frequenzbereich entspricht die Operation (Gleichung 4.3) einer Umkehrung (lateinisch Inverso) des Frequenzverhaltens.

Mit der Verwendung eines Filters, abgebildet in Bild 4.10 ist eine Bandsperre, wird der Frequenzverlauf des Grundfilters durch die Subtraktion in ein Bandpassverhalten umgekehrt. Das Ausgangssignal der Filtersubtraktion dient im Weiteren als Eingangssignal für das Einmischverfahren. Es ist zu beachten, dass der Signaleingang des Einmischverfahrens negativ ausgeführt ist, wenn dieses als Summationspunkt betrachtet wird. Schlussfolgernd kann somit eine weitere Subtraktion detektiert werden, welche das Einmischverfahren bildet. Es handelt sich somit um eine doppelte Subtraktion, die im Fall der mathematischen Konsistenz den eingesetzten Filter (Bandsperre) direkt als Istwertfilter im Messsystemsignal abbildet.

In der fortschreitenden Analyse des schematischen Aufbaus werden in der zugrunde liegenden Struktur zusätzliche Veränderungen vorgenommen. Die Modifikationen betreffen den Mischeingang des Einmischverfahrens. Dieser wird durch einen zusätzlichen Faktor verstärkt und differenziert, um das integrale Verhalten des Einmischverfahrens zu kompensieren (vgl. Kapitel 4.3.2).

Bei der Analyse der Filterstruktur konnte festgestellt werden, dass die Änderung im Frequenzbereich nur wirksam wird, wenn eine Beschleunigungsphase des Antriebssystems vorhanden ist (siehe Kapitel 4.7; ohne Berücksichtigung des Einschwingverhaltens des Filters). Somit ist durch die Differenziation in einer Bewegung mit konstanter Geschwindigkeit die Filterwirkung aktiv, bildet aber eine konstante Geschwindigkeitskomponente aus, die sich als Positionsoffset im Positionssignal zeigt, da das Einmischverfahren die Positionswerte des Antriebssystems beeinflusst.

Die Bezeichnung: „Dynamischer Positionsfehler" bezieht sich somit auf einen Fehler zwischen Soll- und Istposition, welcher in der Bewegung des Vorschubsystems entsteht. Mit konstanter Geschwindigkeit ist der dynamische Positionsfehler eine Konstante.

Betrachtet man das Leistungsspektrum des Messsystemsignals und das korrigierte Signal am Ausgang des Einmischverfahrens, entsteht durch die angestrebte Filterung in der Bandbreite eines Vorschubsystems eine Leistungsdifferenz im Filterbereich. Mit der Nutzung des direkten Istpositionswertes entsteht somit ein dynamischer Positionsfehler in der Steuerung eines Vorschubsystems. Dieser dynamische Positionsfehler ist durch die Eigenschaften des Einmischverfahrens nur in der Bewegung eines Vorschubsystems vorhanden und kann damit als dynamischer Fehler angesehen werden. In der Patentschrift [MBH10] werden verschiedene Möglichkeiten vorgeschlagen, wie der dynamische Fehler kompensiert bzw. reduziert werden kann. Im Weiteren werden die verschiedenen Strategien betrachtet, diesen Fehler zu reduzieren. Zusätzlich wird die Notwendigkeit untersucht, den dynamischen Positionsfehler überhaupt zu kompensieren. Die Theorie einer Nichtkompensation erklärt sich wie folgt: Entsteht ein dynamischer Positionsfehler, der in der Ausprägung signifikant kleiner ist als der Schleppfehler einer Vorschubachse, und ist es gleichzeitig möglich, durch eine erhöhte Reglerverstärkung den Schleppfehler zu reduzieren, entsteht in der Bilanz der sich ergebenden Fehler ein deutlich verbessertes Verhalten. Dieser Ansatz wird in Kapitel 6 näher betrachtet.

Als mögliche Strategien, den dynamischen Fehler zu kompensieren, bieten sich folgende Varianten an: Die Differenz zwischen Messsystemsignal und korrigiertem Signal (Signal zur Maschinensteuerung) direkt als zusätzliches Signal dem Mischeingang zur Verfügung zu stellen, die Differenz mittels eines Tiefpassfilters als Gleichanteil zu korrigieren oder zusätzlich über einen PD-Regler den Fehlerwert am Mischeingang auszuregeln. Bild 4.10 zeigt hierbei nur potenzielle Möglichkeiten zur Fehlerkompensation auf. Diese ist so allgemein gehalten, dass die genannten Ansätze möglich sind.

Speziell muss auf die Subtraktion eingegangen werden, da diese nicht ideal erfolgt. In Bild 4.10 ist eine doppelte Subtraktion gezeigt. Durch das Einmischverfahren, welches mit einem Vorzeichen im Summationsprozess ausgewiesen ist, entsteht zusätzlich zur eigentlichen Filterung eine Subtraktion. Bei idealen Signalen und idealer Filtercharakteristik entstehen keine Verzerrungen und das Endverhalten ist, wie abgebildet, ein Bandsperrfilter. Im realen Anwendungsfall muss aber mit einer Signalverzerrung gerechnet werden. Das Einmischverfahren ist eine weitere Quelle für die Abweichung der realisierten Filtercharakteristik, da in der Systemanalyse festgestellt wurde, dass der Integrationsprozess nicht ideal abläuft. Mittels dieser Hintergründe muss im weiteren Vorgehen das Verhalten des Filtersystems betrachtet werden.

4.5 Nachweis einer realisierten Filterung

Proof of the filtering effect

Für den Nachweis einer realisierten Filterung mittels Einmischverfahren muss zunächst die Subtraktion des Filterverhaltens untersucht werden.

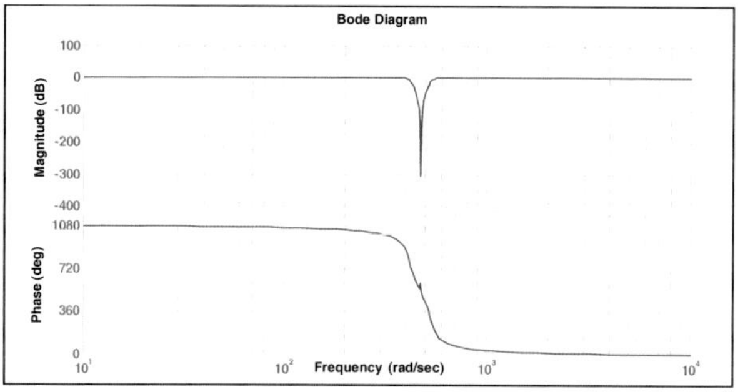

Bild 4.11: Bandsperre, 6. Ordnung, f_E: 66-86 Hz (415-540 rad/sec), Butterworth

Band stop filter, 6.order, f_E: 66-86 Hz (415-540 rad/sec), Butterworth

Um die Auswirkungen einer Subtraktion zu betrachten, wurde die in Bild 4.11 dargestellte Bandsperre wie in der Patentschrift [MBH10] angegeben subtrahiert (vgl. Gleichung 4.3). Das Ergebnis veranschaulicht Bild 4.12. Die Subtraktion zeigt nicht das erwartete Bild eines idealen Bandpassfilters. Im Durchlassbereich entstehen Überschwingbereiche insbesondere an den Eckfrequenzen. Zusätzlich sind die Bereiche der Eckfrequenzen auch in der Phase mit einer zum Verlauf alternierenden Schwingungsneigung beaufschlagt. Dies zeigt deutlich, welche Nachteile aus der Subtraktion eines Filtersystems entstehen. Ein exemplarisches Beispiel für die entstehenden Überschwingungen ist die Tiefpass-Bandpass-Transformation [TiSc99], [Schü88]. Durch die Transformation entstehen Überhöhungen an den Eckfrequenzen. Diese treten bei der Subtraktion zusätzlich verstärkt auf.

Bei einer Erhöhung der Filterordnung steigen die Amplitude und die Amplitudenverstärkungen an den Eckfrequenzen signifikant. Dieses Ergebnis schränkt die Ordnung eines Grundfilters ein und es erscheint nicht als zielführend, Filterordnungen größer 10 zu betrachten.

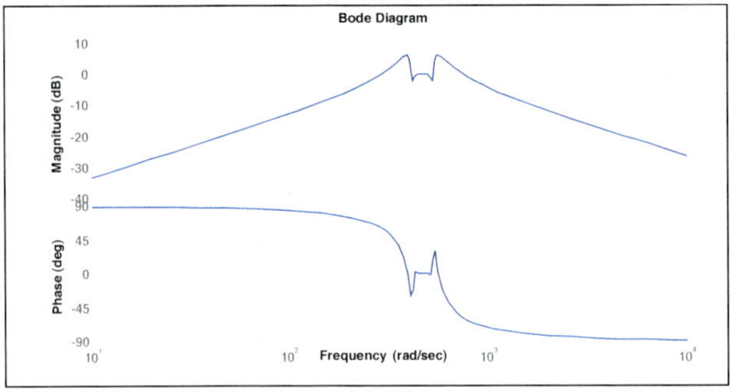

Bild 4.12: Subtrahierte Bandsperre, 6. Ordnung, f_E: 66-86 Hz (415-540 rad/sec), Butterworth

Subtract band stop filter, 6.order, f_E: 66-86 Hz (415-540 rad/sec), Butterworth

Wird die subtrahierte Bandsperre mathematisch exakt erneut subtrahiert, entsteht der ursprüngliche Frequenzverlauf. Für die Veränderung des Frequenzverlaufs durch das Einmischverfahren und die nicht mathematisch exakte Subtraktion existieren in der Literatur keine mathematischen Zusammenhänge, welche das entstehende Verhalten erläutern bzw. beschreiben. Aus diesem Grund verfolgen die weiteren Kapitel und speziell Kapitel 5.2 das Ziel, eine mögliche Herangehensweise aufzuzeigen, wie die Auswirkungen einer nicht idealen Subtraktion eines Filtersystems ermittelbar sind.

Dazu werden in den nachfolgenden Kapiteln mit Hilfe des Simulationsmodells die Auswirkungen der Subtraktion untersucht und am Einmischverfahren betrachtet. Im Weiteren werden die in [MBH10] vorgestellten Alternativen analysiert und zusätzlich der Einfluss von verschiedenen Filtercharakteristiken diskutiert.

Die Diskussion von unterschiedlichen Charakteristiken, nach welchen konventionelle Filter entworfen werden, spielt in diesem Zusammenhang eine zu ermittelnde Rolle für die Filter, da bekannt ist, dass unterschiedliche Filter wie die nach Bessel bzw. nach Butterworth unterschiedliches Schwingungsverhalten besitzen [TiSc99], [Best91]. Aus diesem Grund wird die Filtercharakteristik in Kapitel 4.8 separat untersucht.

4.6 Betrachtung verschiedener Filterstrukturen in Simulation und Messung

Analysis of different filter structures with simulation and measurement

Für die Betrachtung, wie eine Filterung realisierbar ist, wurden bisher die Struktur des Einmischverfahrens untersucht und die notwendigen Ergänzungen eingearbeitet. So entstehen durch die Subtraktion eines Filters Überhöhungen an den Eckfrequenzen und es ist eine Störung des zu minimierenden Frequenzbandes zu erwarten. Die entstehenden Fragestellungen konzentrieren sich auf die Gegenüberstellung eines real implementierten Filters mit Einmischverfahren und des Simulationsmodells. So wird hinterfragt, inwieweit diese die Filterung realisieren und warum ausgehend von der Subtraktion keine Bandpassfilter genutzt werden können. Diesem Sachverhalt widmet sich im Folgenden ein separater Unterpunkt. Um die Betrachtungen zu vereinfachen, wird auf eine Rückführung des Geschwindigkeitsfehlers an dieser Stelle verzichtet.

Die Versuchsanordnung für die Simulation und die realen Messungen mit Filter und Einmischverfahren ist in Bild 4.13 abgebildet. Für die realen Messungen wurde der in Bild 4.13 dargestellte Simulationsblock gegen das reale Einmischverfahren ersetzt. Die ergänzten Glieder sind der Verstärkungsfaktor des Filters und die Differenziation des Mischeingangs. Die Filterung wird auf einen Frequenzbereich zwischen 15 und 45 Hz ausgerichtet, da dies der angestrebte Frequenzbereich ist, für die in Kapitel 6.1 vorgestellten Vorschubantriebe. Aus diesem Grund ist die Anregung über eine Sinusfunktion mit variabler Frequenz im Bereich von 0,1 bis 300 Hz realisiert. Die Wahl eines sinusförmigen Eingangssignals liegt darin begründet, dass speziell im tieffrequenten Bereich die Eingangssignale des Filtersystems entsprechend aufgelöst darstellt werden müssen.

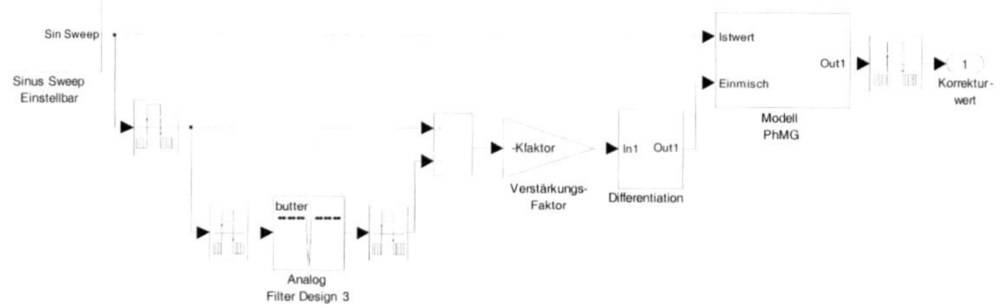

Bild 4.13: Simulationsmodell für das grundlegende Filterverhalten

Simulation model of the basic filter behaviour

Wird nun ein konventionelles Filter betrachtet und zusätzlich in den Versuchsaufbau (Bild 4.8) einbezogen, ergibt sich die angestrebte Filterfunktion. Bild 4.14 veranschaulicht das Übertragungsverhalten. Deutlich sichtbar sind die Störstellen, welche durch die Subtraktion entstehen. Die Anzahl bzw. die Ausprägung der Störstellen im Übertragungsfrequenzgang korrespondiert mit der Filterordnung. Dieses Beispiel zeigt, dass für das eingesetzte Filter eine sehr geringe Ordnung anzustreben ist, da das resultierende Übertragungsverhalten durch die Störstellen signifikant verschlechtert wird. Als weiteres Ergebnis kann festgehalten werden, dass das Simulationsmodell das Verhalten des Gesamtsystems hinreichend genau abbildet.

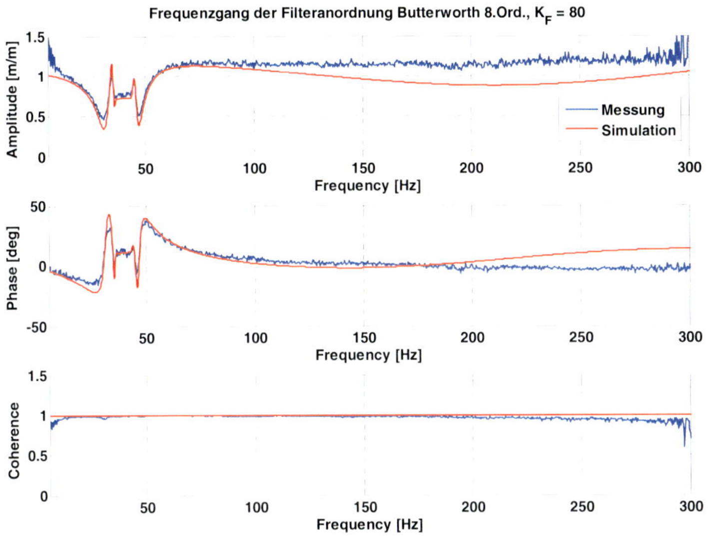

Bild 4.14: Filterverhalten des Einmischverfahrens, Filterfrequenz 35-45 Hz

Filter behaviour of the shifting method, frequency range 35-45 Hz

Explizit muss an dieser Stelle das dargestellte Filterverhalten betrachtet werden. Durch den Filter und das Einmischverfahren wird eine Amplitudenabsenkung im angestrebten Frequenzbereich (Bild 4.14, 15-45 Hz) realisiert. Die Ausprägung der Amplitudenabsenkung wird durch die Filterverstärkung skaliert. Nach der Absenkung entsteht ein verstärkender Frequenzteil, der sich für $f \rightarrow \infty$ dem Wert 1 annähert. Der Phasengang zeigt ein komplementäres Verhalten. Vor dem Filterfrequenzbereich entsteht eine Phasenabsenkung, welche sich in der Mittenfrequenz der genutzten Bandsperre zu einer Phasenanhebung verändert. Die Phasenanhebung bleibt über einen weiten Frequenzbereich erhalten und erfüllt damit das Lead-Übertragungsverhalten, welches in Kapitel 4.3.2 vorgestellt wurde.

Um die Einstellbereiche der verschiedenen Einflussfaktoren zu charakterisieren, wird das Simulationsmodell erweitert, so dass verschiedene Abhängigkeiten simulativ abbildbar werden. Eine Erweiterung besteht in der Variation der einzelnen Einstellparameter, u.a. wird die Filterverstärkung über einen Wertebereich von 1 bis 1000 verändert. Anhand dieser Simulationen konnte ein Übertragungsfrequenzgangfeld erstellt werden, welches in Bild 4.15 hinterlegt ist. In den Vorversuchen zeigte sich, dass die Filterverstärkung ein entscheidender Parameter ist, um die Wirksamkeit bzw. die Ausprägung der Amplitudenabsenkung zu bestimmen. Im Frequenzgangfeld wird nun ersichtlich, dass die Variation der Filterverstärkung als ein signifikantes

Stabilitätsmerkmal anzusehen ist, da eine zu große Steigerung nicht nur die Filterwirkung aufhebt, sondern auch zu einer Instabilität führt. Explizit bedeutet dies, dass die Filterverstärkung in einem beschränkten Wertebereich ein Dämpfungsgebiet entstehen lässt, welches in Bild 4.15 durch eine Ellipse gekennzeichnet ist. Nur in diesem Bereich kann eine stabile Filterung realisiert werden. Zur Vereinfachung der Darstellung ist die Filterordnung auf 4 reduziert worden.

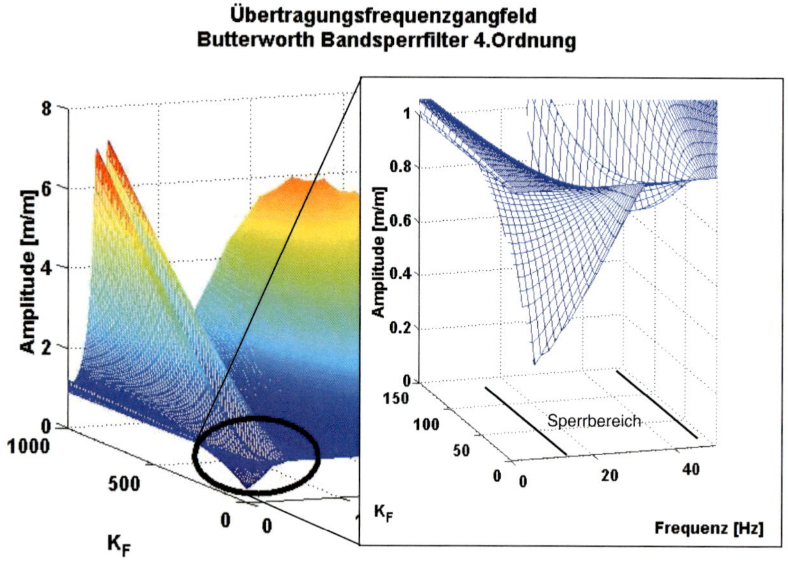

Bild 4.15: Übertragungsfrequenzgangfeld zur Eingrenzung des Filterverhaltens

Transfer function field to locate the filter behaviour

Zusätzlich muss die Amplitudensteigerung betrachtet werden, welche oberhalb der Nutzbandbreite entsteht. Die Amplitudensteigerung der hochfrequenten Signalanteile steigt signifikant an, wenn die Filterverstärkung erhöht wird. Somit ist das nutzbare Gebiet der Filterverstärkung erneut eingeschränkt. Im Weiteren muss auf diese Eigenschaft explizit eingegangen werden, da sie, wie in Kapitel 4.3.2 ermittelt, systembedingt ist.

Ein weiterer Aspekt ist, dass die Eigenverstärkung sich auf einen unterlagerten Regelkreis einer Kaskadenregelung auswirken kann, da diese in der Lage sind, auf Frequenzanteile außerhalb der Lageregelkreisbandbreite zu reagieren. An diesem Punkt muss darauf hingewiesen werden, dass diese Frequenzanteile im Istpositionssignal erhalten bleiben, auch wenn sie nicht durch den Lageregelkreis genutzt werden. Erst eine zusätzliche Tiefpassfilterung reduziert die Amplitudenüberhöhung am Filterausgang. Da dieser Filter aber direkt auf das Istpositionssignal des Antriebs wirkt, kann aufgrund von Signallaufzeiten eine zusätzliche Beeinträchtigung entstehen. Aus diesem Wissen heraus wird von einer Verwendung eines zusätzlichen

Tiefpassfilters abgesehen. Daraus folgend soll in der Arbeit auf die Auswirkungen eingegangen werden, welche durch die Amplitudenüberhöhung des Einmischfilters auf einen Vorschubantrieb mit KGT entstehen (vgl. Kapitel 6).

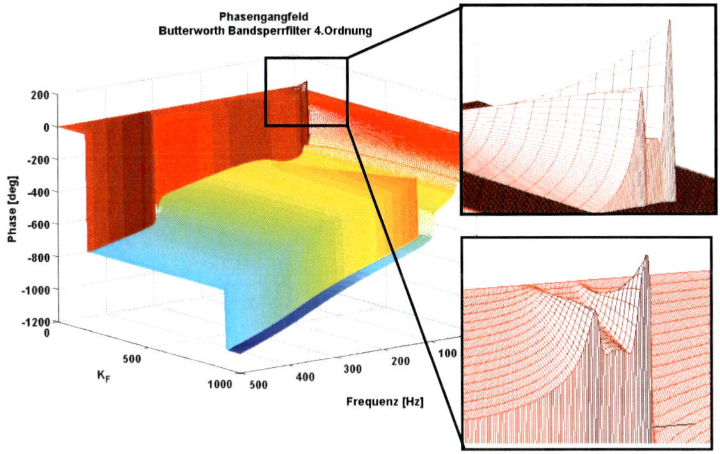

Bild 4.16: Phasengangfeld mit Phasenanhebung

Phase response field with increasing phase

Um die Aussage des entstehenden Übertragungsverhaltens bei einer Variation der Filterverstärkung zu ergänzen, wird in Bild 4.16 das Phasengangfeld dargestellt. Es zeigt sich, dass die Darstellung gegenüber einer konventionellen Abbildung des Phasengangs verändert werden muss. Die Übergangspunkte bei -180° (Phasenreserve = Null) sind softwareseitig zur besseren Lesbarkeit so korrigiert, dass Unstetigkeitspunkte entstehen. Diese Darstellung erlaubt es, ein phasenanhebendes Verhalten direkt sichtbar zu machen. Hierzu wurde der phasenanhebende Bereich hervorgehoben und in zwei unterschiedlichen Darstellungsweisen gezeigt. Die erste Vergrößerung zeigt den relevanten Ausschnitt im Phasengang. In der zweiten Vergrößerung wurde eine Ebene bei einer Phase von Null eingefügt. Somit kann der phasenanhebende Bereich in seiner Ausprägung separat betrachtet werden.

Der Bereich der Phasenanhebung entsteht analog zu den erfolgten Voruntersuchungen. Die Einschränkung im Gegensatz zum Frequenzgangfeld liegt im abrupten Phasenumbruch, der die Stabilitätsgrenze mittels der erreichbaren Filterverstärkung aufzeigt (im Bild 4.16 als Unstetigkeit mit einem Phasensprung kleiner -180° dargestellt). Es können aus diesen Simulationen folgende Rückschlüsse gezogen werden: Die Filteranordnung ist stabil für einen begrenzten Bereich der Filterverstärkung und die Stabilitätsgrenze ist durch einen Phasenumbruch gekennzeichnet, der ab einer kritischen Verstärkung auftritt.

In beiden Abbildungen (Bild 4.15 und Bild 4.16) sind die durch die Subtraktion entstehenden Schwingungsüberhöhungen an den Eckfrequenzen zusätzlich sichtbar. Die Ausprägung zeigt eine direkte Korrelation mit der eingestellten Filterverstärkung auf. Durch die Simulationen mit einem Filter 4. Ordnung konnten die Schwingungen in erster Näherung reduziert werden. Um die Frage zu beantworten, wie die Schwingungsneigung an den Eckfrequenzen bei einer Variation der Filterordnung zunimmt, wird in einem weiteren Simulationslauf die Filterordnung verändert. Bild 4.17 veranschaulicht, dass nicht nur die Amplitude der Schwingungen an den Eckfrequenzen zunimmt, sondern auch die Anzahl der Schwingungsvielfachen. Aus diesem Grund sollte der gewählte Bandsperrfilter die Ordnung 4 nicht überschreiten, da es sonst zu unerwünschten Schwingungen innerhalb des Dämpfungsgebietes kommt, die das angestrebte Ergebnis negativ beeinflussen. Die Festlegung die Filterordnung auf maximal 4 zu begrenzen, schränkt die zuvor getroffene Festlegung noch weiter ein.

Um aber die Eigenschaften eines Istwertfilters charakterisieren zu können, werden im weiteren Verlauf der Arbeit vereinzelt Filter mit Ordnungen über vier eingesetzt. Werden Filter höherer Ordnung verwendet, wird dies immer explizit erwähnt.

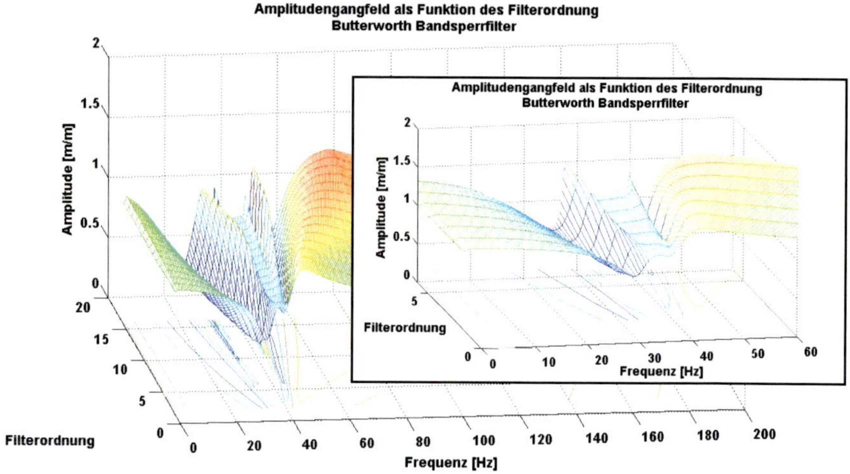

Bild 4.17: Amplitudengangfeld mit Variation der Filterordnung

Transfer function field with variation of the filer order

Betrachtung eines Bandpassfilters

Analysis of a band-pass filter

Innerhalb der Filterstruktur, welche für das Einmischverfahren genutzt wird, ist der eingesetzte Filter als Bandsperre aufgeführt. In Kapitel 4.5 wurde gezeigt, dass eine doppelte Subtraktion verschiedene Nachteile entstehen lässt. Besonders zu erwähnen ist das Schwingverhalten an den Eckfrequenzen einer Bandsperre (siehe auch Bild 4.17). Es ergibt sich somit die Fragestellung: Kann man durch den Einsatz eines Bandpassfilters und die damit entfallende doppelte Subtraktion das Übertragungsverhalten verbessern? Eine einfache Subtraktion unabhängig von der Filtercharakteristik ist strukturbedingt notwendig, da der Filtersignalzweig negativ in das

Einmischverfahren zurückgeführt wird. Eine positive Einkopplung von verschiedenen Frequenzanteilen ergibt ein instabiles Systemverhalten und muss ausgeschlossen werden.

In [MBH10] wird die Möglichkeit beschrieben, die Subtraktion eines Bandsperrfilters durch den Einsatz eines Bandpassfilters zu ersetzen. Des Weiteren ist der Einsatz von mehreren Bandpassfiltern erwähnt, indem diese parallel verschaltet werden, um verschiedene Frequenzbereiche zu filtern. Da diese Variation in einer möglichen Realisierung eine erhebliche Aufwandsreduktion zur Folge hat, wird sie nachfolgend diskutiert.

Durch die Verifikation des Modells des Einmischverfahrens kann die Funktionsweise eines Bandpassfilters simulativ betrachtet werden und stellt somit sicher, dass kein reales Vorschubsystem in einen instabilen Zustand überführt wird.

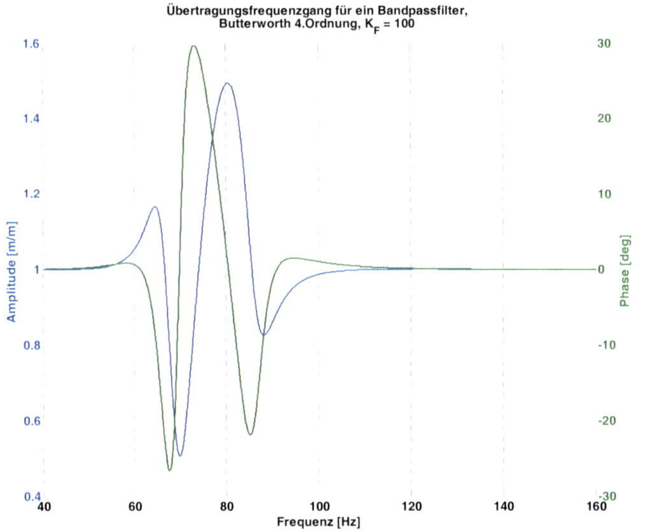

Bild 4.18: Filterverhalten des Einmischverfahrens bei Einsatz eines Bandpasses

Filter behaviour of the shifting method with band-pass filter

Um die Eignung eines Bandpassfilters zu betrachten, wird die erste Subtraktion gegen ein entsprechendes Filter ausgetauscht. Betrachtet man das entstehende Übertragungsverhalten im Frequenzbereich, welches in Bild 4.18 dargestellt ist, entsteht ein unbrauchbares Ergebnis. Der Amplitudenverlauf zeigt ein alternierendes Verhalten, das kein durchgängiges Dämpfungsgebiet aufweist, welches aber für eine Filterung zwingend benötigt wird. Der Phasengang folgt diesem Verhalten analog (Bild 4.18), so dass die Phase ebenfalls kein nutzbares Ergebnis liefert. Das veränderte Bild des Übertragungsfrequenzgangs ist auf die entstehende Subtraktion im Einmischverfahren zurückzuführen. Das Verhalten hat zwar die Grundzüge einer Subtraktion, zeigt aber nicht den eigentlichen Charakter, da nicht nur eine Skalierung durch das Einmischverfahren entsteht, sondern auch eine Integration, die durch eine Differenziation zuvor kompensiert werden muss. Aus diesem Grund muss in allen Untersuchungen davon ausgegangen werden, dass der Einsatz eines Bandpassfilters sich nicht vorteilhaft auf die Realisierung eines Filters mittels des Einmischverfahrens auswirkt.

Die Untersuchung von Bandpassfiltern wird in dieser Arbeit nicht weiter verfolgt, da der Grundgedanke einer Istwertfilterung des Positionssignals in erster Näherung mit diesem Ansatz nicht erreichbar ist. Für weiterführende Anwendungsbereiche, welche eine andere Zielstellung verfolgen, kann aber nicht ausgeschlossen werden, dass der Einsatz von Bandpassfiltern einen sinnvollen Zweck erfüllt.

4.7 Reduktionsstrategien des dynamischen Positionsfehlers

Reduction strategies for the dynamic position error

Ein Filtersystem im Istpositonssignal eines Lageregelkreises für Vorschubantriebe von Werkzeugmaschinen ist durch den Einsatzzweck und -ort als unkonventionell zur allgemein üblichen industriellen Praxis einzustufen. Dieser Sachverhalt liegt speziell in der Leistungsbilanz des Istwegsignals begründet, da eine Filterung, ist sie in der Bandbreite des Reglers realisiert, einen Leistungssignalbereich reduziert. D.h. gedämpfte Signalanteile haben in der Bewegungsführung einer Vorschubachse Auswirkungen auf die geometrische Genauigkeit während der Bewegung. Die Reduktion im Istsignal hat somit einen dynamischen Fehler zur Folge. Statisch entsteht kein Fehler, wenn durch den Filter sichergestellt wird, dass der Gleichanteil im Nutzsignal nicht beeinflusst ist. Das Konzept eines Istwertfilters wird in konventionellen Regelungen angewendet, aber auch in den unterlagerten Regelkreisen einer Kaskadenregelung. Die Anwendung von Istwertfiltern in unterlagerten Regelkreisen wird durch folgenden Grundsatz charakterisiert: Der überlagerte Regelkreis muss in der Lage sein, mögliche dynamische und statische Abweichungen zu kompensieren.

In der Erweiterung auf die äußere Regelungskaskade (Positionsregelkreis) fällt ein korrigierender Kreis weg und es wird die Bandbreite beeinflusst. Durch den Ausschluss von statischen Abweichungen im Lageregelkreis einer Vorschubachse liegt der Fokus in diesem Abschnitt auf dem dynamischen Fehler, der durch die Filterung entsteht. Explizit ist der dynamische Fehler entsprechend eines Schleppfehlers einzuordnen. Da dieser Fehler aber auch ein Qualitätsmerkmal der parametrierten Regelung und des Vorschubs ist, wird der dynamische Fehler im Zusammenhang mit dem Schleppfehler diskutiert und bewertet. Für eine Kompensation des dynamischen Fehlers im Zusammenhang mit dem Schleppfehler einer Vorschubachse wird zusätzlich davon ausgegangen, dass sich Schleppfehler und Fehler des Filtersystems immer im Betrag addieren. Erst diese Worst-Case Betrachtung erlaubt eine grundlegende Einschätzung.

Um den dynamischen Fehler der Filterung zu betrachten, werden in erster Linie die Vorschläge herangezogen, welche in [MBH10] erörtert sind und zusätzlich eine proportionale Rückführung um einen differenziellen Anteil erweitert.

Bild 4.19 illustriert zwei mögliche Kompensationsarten. Da der Positionsfehler in einer Bewegung mit konstanter Geschwindigkeit analog dem Schleppfehler entsteht, ist in diesem Bereich eine Kompensation des Gleichanteils des Fehlers möglich. Durch eine Tiefpassfilterung (Bild 4.19 links) wird der Gleichanteil aus dem Istsignal und dem korrigiertem Signal ermittelt. Es ist anzustreben, dass die genutzten Filter in ihrer Eckfrequenz unterhalb des Filterbereiches liegen, welcher durch den Filter mit Einmischverfahren gedämpft werden soll. Um den Gleichanteil des dynamischen Fehlers zu kompensieren, erfolgt nach einer Subtraktion die Rückspeisung in das Einmischverfahren. Für die Rückspeisung sind im Folgenden keine zusätzlichen systemkompensierenden Korrekturen notwendig, da das Einmischverfahren mit dem integralen Systemverhalten den Fehler kompensiert.

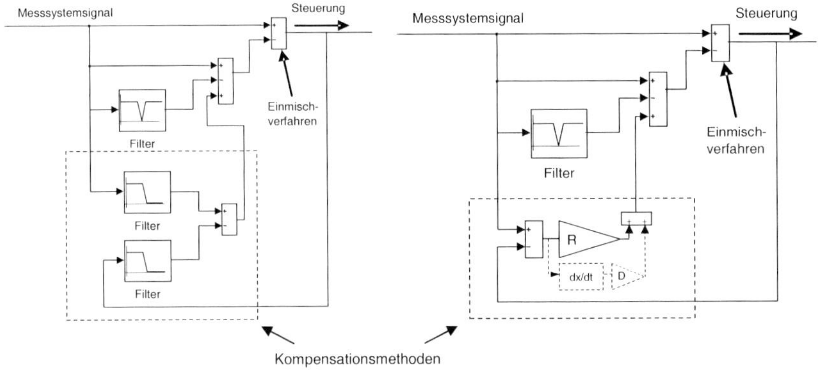

Bild 4.19: Verfahren zur Kompensation des dynamischen Positionsfehlers [MBH10]

Operations of the position error compensation [MBH10]

Eine weitere Möglichkeit, den dynamischen Fehler in einer Konstantbewegung zu reduzieren, veranschaulicht Bild 4.19 auf der rechten Seite. So wird der Fehler direkt über einen proportionalen Faktor in das Einmischverfahren zurückgeführt. Die Skalierung über einen proportionalen Faktor ist notwendig, da das Differenzsignal nur die Frequenzbereiche des Istwertfilters nutzt, welche zu filtern sind. Aufgrund der kleinen Amplituden entsteht keine ausreichende Wirkung während einer Vorschubbewegung mit konstanter Geschwindigkeit, wenn die Signalanteile nicht separat verstärkt werden. Für die Rückführung entsteht ein PI-ähnliches Verhalten zur Fehlerkompensation, da die Rückführung nicht die Differenziation des Filterausgangs durchläuft. Somit stellt das Einmischverfahren ein integrales Folgeglied dar. Ausgehend von dem PI-ähnlichen Verhalten wird im Weiteren zusätzlich die Einführung eines differenziellen Signalzweiges betrachtet, welcher als Parallelzweig zu dem proportionalen Faktor angeordnet ist. Mit der Einführung des differenziellen Signalzweiges wird die Theorie verfolgt, zu Beginn einer konstanten Geschwindigkeitsphase mittels hohen Kompensationswerten den dynamischen Fehler direkt zu verkleinern.

Um die Ausprägung des dynamischen Positionsfehlers zu analysieren, wurde eine Referenztrajektorie mit den Parametern: Weg = 1 m, maximaler Geschwindigkeit = 4 m/s, Beschleunigung = 10 m/s² und Ruck = 10^6 m/s³ betrachtet (siehe Bild 4.21).

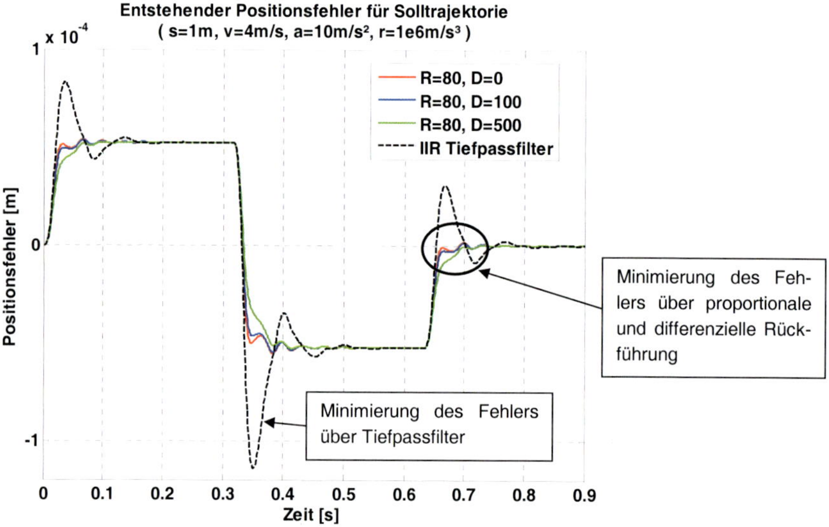

Bild 4.20: Positionsfehler während einer Bewegung ohne Rückspeisung in das Einmischverfahren

Position error during movement without feedback into the shifting method

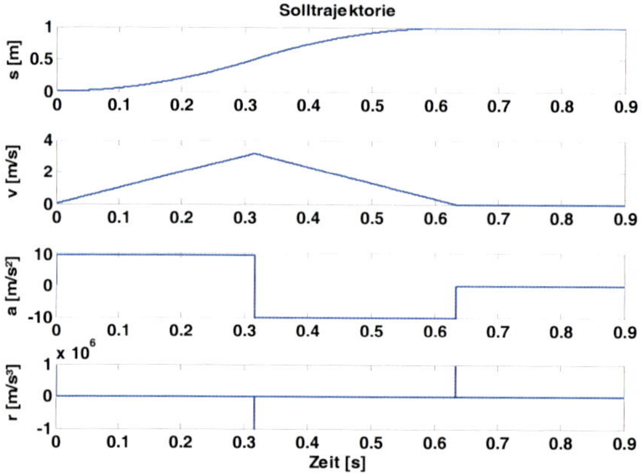

Bild 4.21: Referenztrajektorie zur Beurteilung des entstehenden dynamischen Positionsfehlers

Reference trajectory to evaluate the dynamic position error

Um die Eigenschaften der Kompensationsmöglichkeiten zu ermitteln, wird in der ersten Analyse auf die Rückführung in das Einmischverfahren verzichtet. Bild 4.20 zeigt den entstehenden Positionsfehler und speziell die Übergangsvorgänge während der Beschleunigungsänderung (Ruck). Es zeigt sich, dass die Lösung, den Fehler als Gleichanteil zu betrachten und mittels Tiefpassfilterung zu ermitteln, signifikante Nachteile entstehen lässt.

Der auffälligste Punkt ist ein entstehendes Überschwingverhalten, welches im Fall einer aktiven Rückführung direkt an die Steuerung weitergeleitet wird und dadurch negative Eigenschaften auf den Positioniervorgang hat. Des Weiteren ist durch den Ansatz, einen Tiefpassfilter zu verwenden, eine zeitliche Verzögerung einzubeziehen, da die genutzten Filter eine Systemlaufzeit besitzen, welche eine Kompensation verzögert. Um die Laufzeit gering zu halten, können nur Filter niedriger Ordnung verwendet werden. Diese ermöglichen durch ihren geringeren Dämpfungsabfall über den Frequenzbereich oberhalb der Eckfrequenz aber auch ein Rückkoppeln der Nutzfrequenzen des eigentlichen Einmischfilters. Dem Aspekt folgend, dass auch Frequenzbereiche des Einmischfilters rückgeführt werden, wurde die Rückführung im Weiteren auf einen proportionalen Faktor reduziert. Die Erweiterung der Positionsfehlerkompensation um einen differenziellen Anteil zeigt in ihrer Wirkung nur minimale Verbesserungen, trotz einer signifikanten Steigerung der Verstärkung des differenziellen Signalpfades. Aus diesem Grund wurde auch diese Erweiterung verworfen.

Zusätzlich zu diesen Erfahrungen bietet das Beispiel die Möglichkeit, den entstehenden dynamischen Positionsfehler zu charakterisieren, indem die Struktur des Fehlers, welcher mit einem 7-Phasenprofil [DiVe08] erzeugt wurde, analysiert wird (siehe Bild 4.20). Es entsteht eine signifikante Korrelation zu dem verwendeten Beschleunigungssignal, nachdem die Beschleunigungsänderung (Ruck) abgeschlossen ist.

Schlussfolgernd muss somit angenommen werden, dass einzig eine proportionale Rückführung des dynamischen Positionsfehlers ein nutzbares Ergebnis liefert und im Folgenden näher untersucht werden muss. Es ist zu klären, durch welchen Aufwand der Positionsfehler an sich zu kompensieren ist und welche Auswirkungen die Strukturänderung des Filters auf das Gesamtübertragungsverhalten des Einmischfilters hat.

Um die Ausprägung des Fehlers zu betrachten, wird erneut die Referenztrajektorie aus Bild 4.21 herangezogen und die proportionale Rückführung als Parameter variiert. Das sich ergebende Fehlerfeld zeigt Bild 4.22.

Durch die Variation der proportionalen Rückführung (Kompensationsfaktor R) kann der Fehler nur reduziert werden; eine vollständige Kompensation ist nicht möglich. Die experimentellen Versuche zeigen, dass der Wertebereich für den Kompensationsfaktor R zwischen 1 und 20 liegt. Es muss aber an dieser Stelle das Fazit gezogen werden, dass der Fehler systembedingt entsteht und die Differenz im Leistungsspektrum vor und nach der Filterung abbildet. Eine vollständige Kompensation

(R→∞) hebt eine Filterung auf bzw. reduziert diese in ihrer Wirkung soweit, dass sie keinen positiven Effekt auf den Vorschubantrieb erzielt.

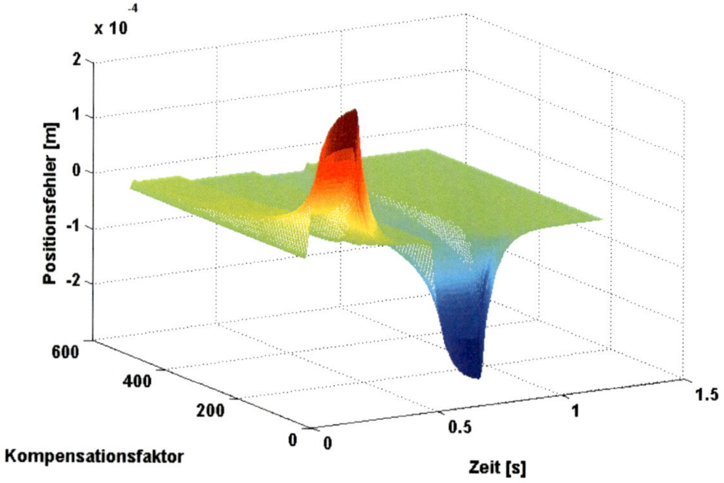

Bild 4.22: Dynamischer Positionsfehler über die Variation der proportionalen Rückführung

Dynamic position error with variation of the feedback gain

Bestimmt man nun den Übertragungsfrequenzgang des Einmischfilters, welcher um die Positionsfehlerkompensation erweitert wurde, so entsteht ein Übertragungsverhalten, welches als Variation des Kompensations- bzw. Rückführfaktors in Bild 4.23 dargestellt ist. Als Filter wurde ein IIR-Filter zweiter Ordnung mit Butterworth-Charakteristik gewählt, da dieses keine Nebeneffekte im Dämpfungsgebiet zeigt. Es kann neben einem deutlichen Dämpfungsgebiet auch die bekannte Überhöhung am Ausgangsbereich des Filters ermittelt werden. Der Eingangsbereich des Einmischfilters verändert sich aber signifikant durch die Einführung der Positionsfehlerkompensation. Es entsteht eine Überhöhung im Eingangsbereich (<10 Hz). Einzig das Übertragungsverhalten, in welchem die Kompensation ausgeschaltet wurde, enthält keine Amplitudenüberhöhung. Durch diesen Sachverhalt muss auch der Einsatz einer proportionalen Positionsfehlerrückführung in Frage gestellt werden, da eine Überhöhung im Eingangsbereich des Filters eine Überhöhung im Frequenzgang des Lageregelkreises nach sich zieht. Aufgrund des Entwurfs des Einmischfilters zur Reduktion von Schwingungen im Vorschubantrieb stellt dieses Verhalten eine unzulässige Eigenschaft dar.

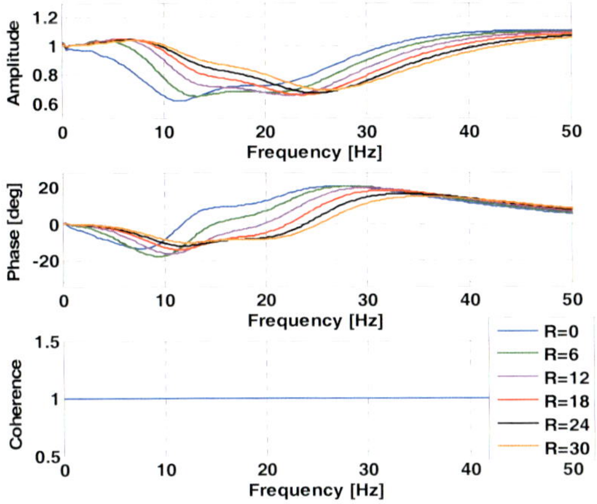

Bild 4.23: Übertragungsverhalten des Einmischfilters mit proportionaler Positionsrückführung

Transfer function of the shifting method with feedback gain

4.8 Variation verschiedener Filtercharakteristiken

Variation of different filter characteristics

Nachdem die Modellierung und die Verifikation des Einmischverfahrens abgeschlossen wurden, konnten die ersten Untersuchungen zum Verhalten eines Einmischfilters erfolgen. Es zeigen sich verschiedene Eigenschaften wie die Ausbildung eines Dämpfungsgebiets und eines phasenanhebenden Bereichs. Zusätzlich muss festgestellt werden, dass die Subtraktion verschiedene Nebeneffekte (vgl. Kapitel 4.5) in das Dämpfungsgebiet einbringt, welche unter anderem mit den Schwingungseigenschaften der eingesetzten Filtercharakteristiken erklärbar sind. Da in der Filterwahl, also im eingesetzten Grundfilter, bereits auf das Schwingungsverhalten der Subtraktion und somit auf die Ausprägung der entstehenden Nebeneffekte Einfluss genommen werden kann, soll dies grundsätzlich in diesem Kapitel untersucht werden.

Die große Anzahl der möglichen Grundfiltervarianten, welche in der Literatur bekannt sind, muss vor der Detailuntersuchung eingeschränkt werden. Es sollen im Folgenden vier verschiedene Filtercharakteristiken diskutiert werden. Davon wurden exemplarisch zwei analoge Filtertypen ausgewählt. Die Eignung von Analogfiltern wurde in Punkt 2.3.1 erörtert. Zusätzlich werden diesen zwei digitale Filtercharakteristiken gegenüber gestellt. Die digitalen Filter bestehen ausschließlich aus IIR-Filtern, da sie als Bandsperrfilter eingesetzt werden und den angestrebten Nutzbereich mit geringen Filterordnungen erreichen. FIR-Filter bilden in diesem Zusammenhang keine Alternative, da ein FIR-Filter mit einer Abtastzeit von 1 ms bei einer Bandsperrfunktion im Frequenzbereich kleiner 50 Hz und dem Entwurf auf Basis minimaler Ordnung eine Ordnung von 20 überschreitet. Dies zieht eine größere Verzögerung der Signale nach sich und ist somit nicht mehr praktikabel in einem Vorschubantrieb einsetzbar.

Bild 4.24 veranschaulicht die vier betrachteten Filter. Für die Abbildung werden jeweils Filter vierter Ordnung verwendet und alle Einstellungen des Einmischverfahrens sowie der zusätzlichen Parameter konstant gehalten. Als weitere Konvention wird für den Vergleich der unterschiedlichen Grundfiltercharakteristiken auf alle Kompensationsverfahren zur dynamischen Positionsfehlerkorrektur verzichtet. Es zeigt sich, dass die gewählte Filtercharakteristik eine untergeordnete Rolle für das eigentliche Einmischfilter aufweist. Die vier betrachteten Filter unterscheiden sich nur geringfügig am Eingangs- und Ausgangsbereich des Dämpfungsgebiets.

Um den Vergleich der verschiedenen Grundfilter zu erleichtern, fasst Tabelle 4.2 die entstehenden Eigenschaften und Verhalten zusammen.

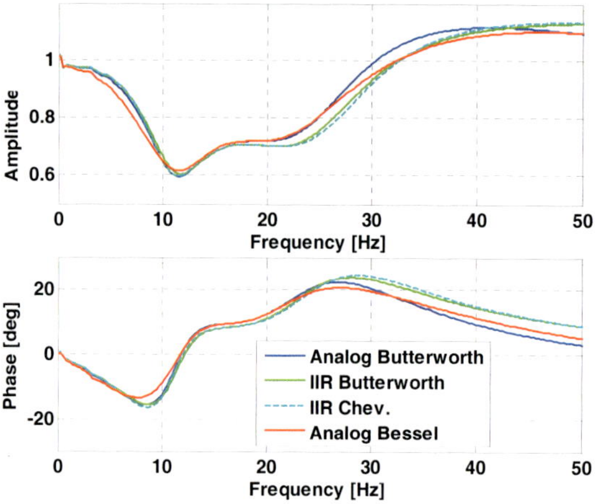

Bild 4.24: Vergleich verschiedener Grundfiltercharakteristiken für ein Einmischfilter

Comparison of different filter characteristics to a shifting filter

Tabelle 4.2: Gegenüberstellung der verschiedenen Grundfilter in ihrer Auswirkung auf den Einmischfilter

Filter-Charakteristik	**Vorteile**	**Nachteile**
Bessel (analog)	• Reduzierter Phasenabfall im Eingangsbereich • Reduzierte Verstärkung im Ausgangsbereich	• Geringe Dämpfung und kleineres Dämpfungsgebiet • Verkleinerte Phasenanhebung
Butterworth (analog)	• Steilerer Abfall im Dämpfungsbereich	• Geringe Dämpfung und kleineres Dämpfungsgebiet • Verkleinerte Phasenanhebung • Erhöhte Verstärkung im Ausgangsbereich

Butterworth/ Chebyshev (digital)	• Steilerer Abfall in den Dämpfungsbereich • Gute Dämpfung und größeres Dämpfungsgebiet • Verstärkungsbereich im höheren Frequenzband • Erweiterte Phasenanhebung	• Ausgeprägte Überhöhung im Ausgangsbereich

Somit muss aus dieser Stichprobe der möglichen Filter der Schluss gezogen werden, dass die digitalen Filter den analogen Filtern speziell im Ausgangsbereich des Filters überlegen sind, da sie das Dämpfungsgebiet ausweiten. Die digitalen Filter zeigen zusätzlich einen steileren Abfall in das Dämpfungsgebiet. Somit werden die digitalen Filter bevorzugt. Des Weiteren besteht zwischen den digitalen Butterworth- und Chebyshev- (Chev) Filtern kein nennenswerter Unterschied. Auf Grund der weiten Verbreitung der Entwurfsmethodik wird im Folgenden ausschließlich mit IIR-Butterworth-Filtern gearbeitet.

Die betrachteten Filter zeigen, dass die Filtercharakteristik keine übermäßige Bedeutung für den Einmischfilter besitzt. Durch die Verwendung von IIR-Filtern kann zusätzlich davon ausgegangen werden, dass der Grundfilter sich harmonisch in das echtzeitfähige Betriebssystem (im Fall des betrachteten Prototyps: xPC Target) integrieren lässt und dadurch keine weitere Signalanpassung notwendig ist.

4.9 Zusammenfassung

Summary

Kapitel 4 vermittelt die grundlegenden und wichtigen Eigenschaften des Einmischverfahren, welche zeigen, dass es für eine Anwendung als Istwertfilter in Werkzeugmaschinen genutzt werden kann. Um diesen Sachverhalt zu belegen, wurde das Einmischverfahren mit einer Systemanalyse untersucht und das Systemverhalten, welches der Einmischprozess abbildet, als integrales und skaliertes Übertragungsverhalten ermittelt. Mit Hilfe der Systemanalyse konnte ein Simulationsmodell erstellt werden, das es erlaubt, das Einmischverfahren in zwei verschiedenen Systemzuständen zu untersuchen. Aus diesem Grund wurde die weitere Darstellung in zwei eigenständige Teile (statisches und dynamisches Übertragungsverhalten) unterteilt. Das statische Systemverhalten zeigt die korrekte Modellierung des Einmischprozesses und die Verarbeitung der einzumischenden Werte. Als dynamischer Systemteil wird das Verhalten angesehen, wenn das Einmischverfahren mit Filter als Gesamtsystem betrachtet wird.

Das Simulationsmodell erlaubt es, das dynamische Verhalten mit einem aktiven Parallelzweig als Filtersystem zu untersuchen, in welches im nachfolgenden Schritt der Grundfilter integriert wird. Ausgehend von den ermittelten Eigenschaften konnten erste Auslegungsschritte und auch erste Stabilitätsgrenzen untersucht werden, was mit dem realen System nicht möglich ist. Es wurden speziell die Filterstrukturen aus [MBH10] untersucht. Zusätzlich ist zu beachten, dass die Bandpasscharakteristik keine vielversprechenden Ergebnisse liefert und somit die Nutzung eines solchen Filters auszuschließen ist. Erfolg versprechend sind die Filter mit Bandsperrcharakteristik. Simulativ und am realen Objekt untersucht, zeigen sie, dass eine doppelte Subtraktion nötig ist. Die doppelte Subtraktion verursacht jedoch verschiedene Nachteile, welche sich unter anderem in Störungen des Dämpfungsgebiets eines Filters zeigen.

Ein weiterer nicht zu vernachlässigender Untersuchungspunkt ist der durch die Filterung entstehende dynamische Positionsfehler, welcher im Worst-Case-Fall auf den Schleppfehler der Vorschubachse addiert werden muss. Verschiedene Lösungsstrategien veranschaulichen, dass der Fehler systembedingt durch die Filterung entsteht und nicht beseitigt werden kann, ohne die Filterung an sich aufzuheben. In den Simulationen konnte gezeigt werden, dass die unterschiedlichen Lösungsvorschläge zur Minderung des dynamischen Positionsfehlers sich nachteilig auf den Frequenzgang des Filters auswirken. Somit können nur Untersuchungen an realen Vorschubachsen Gewissheit über die real existierenden Auswirkungen des dynamischen Positionsfehlers bringen. Abschließend wurde untersucht, welche Auswirkungen die Filtercharakteristik des Grundfilters auf den Übertragungsfrequenzgang des Einmischfilters besitzt. Da die Wahl des Grundfilters eine untergeordnete Rolle spielt, wird in der weiteren Arbeit auf diesen Aspekt nicht weiter eingegangen und mit IIR-Butterworth-Filtern gearbeitet.

5 Erweiterte Systemuntersuchung

Extended system analysis

Nachdem in Kapitel 4 die Grundlagen der Systemanalyse erörtert wurden und ein Simulationsmodell entworfen wurde, ist das Übertragungsverhalten des Einmischverfahrens charakterisierbar. Die simulationsbasierte grundlegende Untersuchung des Systemverhaltens zeigt die Stabilitätsgrenzen auf, welche nachfolgend detailliert betrachtet werden. Des Weiteren benötigt das Einmischverfahren für ein erweitertes Systemverständnis nicht nur das simulative Verhalten, sondern es ist zwingend notwendig, einen zu nutzenden Filter mathematisch zu beschreiben, wodurch ein Entwurf ermöglicht wird.

Aus diesem Grund beinhaltet Kapitel 5 die mathematische Durchdringung eines auf dem Einmischverfahren basierenden Filters und diskutiert verschiedene Aspekte, die als Erweiterung in [MBH10] aufgeführt bzw. für einen Betrieb in einem Bearbeitungszentrum notwendig sind. Aufgrund der gesammelten Erfahrungen und der simulativen und mathematischen Beschreibung wird das Stabilitätsverhalten erörtert und die Grenzen sowie mögliche Nutzbereiche diskutiert. Als besonderer Untersuchungspunkt ist in Kapitel 5 das Einricht- und Betriebsverhalten hervorzuheben, da dies Anwendern die Anhaltspunkte liefert, welche für einen sicheren Betrieb notwendig sind.

5.1 Aufbau und Struktur eines digitalen Filtersystems mit Einmischverfahren

Layout and structure of a digital filter with shifting method

Einleitend in dieses Kapitel werden der Aufbau und die Struktur eines Einmischfilters zusammenfassend aufgegriffen, da die Untersuchungen, welche mittels Simulationsmodell und Prüfstandversuchen unternommen wurden, viele mögliche Filtervariationen ausschließen und somit eine Grundstruktur festlegen, welche im weiteren Verlauf dieses Kapitels betrachtet wird.

Grundlegend besteht ein Einmischfilter aus zwei Signalzweigen. Diese sind durch das Einmischverfahren miteinander verknüpft (siehe Bild 4.10). Der oben liegende Signalzweig wird bis auf die Addition (Einmischverfahren) nicht beeinflusst. Der zweite, parallel verlaufende Signalzweig enthält einen Grundfilter, eine separate Filterverstärkung und nachfolgend eine Differenziation.

Der Filter stellt mit seinem entsprechenden Übertragungsfrequenzgang das angestrebte Filterverhalten des Einmischfilters ein. Dieses Verhalten kann durch die Wahl des Filters und die Filtercharakteristik zusätzlich beeinflusst werden. Die Grundstruktur mittels Bandsperrverhalten muss als notwendig angesehen werden, während das Entwurfsverfahren eines Filters eine untergeordnete Rolle spielt. Im vorangegangenen Kapitel wurde zusätzlich gezeigt, dass IIR-Bandsperren zu guten Ergebnissen führen.

Die Filterverstärkung ist ein Maß für die zu erwartende Dämpfung des Filters und gleichzeitig ein Stabilitätskriterium, welches auf den gewünschten Anwendungsfall einzustellen ist.

Die Differenziation der Werte des parallelen Signalzweigs wird notwendig, da das Ergebnis der Systemanalyse ein integrales Verhalten des Einmischverfahrens aufzeigt. Zur Verdeutlichung dieses Sachverhalts wird in den Schaubildern bzw. den schematischen Abbildungen (siehe Bild 5.1) stets der Signalfluss dargestellt, welcher zuerst eine Differenziation und nachfolgend eine Integration durchläuft. Zusätzlich ist zwischen diesen beiden gegensätzlichen Operationen eine Systemgrenze eingebettet, die den digitalen Systemteil vom analog ausgeführten Einmischverfahren trennt. Im Simulationsmodell wird die Systemgrenze durch unterschiedliche Tastzeiten abstrahiert.

Aufbauend auf dieser Grundstruktur, welche als Ergebnis der vorangegangenen Untersuchungen ermittelt wurde, folgen nun die erweiterte Systembeschreibung und die Diskussion verschiedener Eigenschaften. Diese sind für eine Anwendung des Einmischverfahrens als Istwertfilter in einer Vorschubachse mit Kugelgewindetrieb, wie sie an Werkzeugmaschinen eingesetzt wird, notwendig.

5.2 Mathematische Beschreibung der Filterstruktur

Mathematical description of the filter structure

Für den Einsatz eines Einmischfilters sind nicht nur die praktische Untersuchung des Verhaltens und die messtechnische Verifikation notwendig. Zusätzlich ist die mathematische Auslegung unumgänglich. In dem folgenden Kapitel werden das Vorgehen und ein Lösungsweg aufgezeigt, welcher es erlaubt, das Einmischverfahren und die genutzten Filter als Differenzialgleichungssystem abzubilden und nachfolgend auf seine Stabilitätseigenschaften zu untersuchen. Im Kapitel 5.4 kann daraufhin das System des Filters als Istwertfilter in einen Vorschubregelkreis für Kugelgewindetriebe eingebettet werden. Dies ermöglicht verschiedene Analyseverfahren für den kaskadierten Regelkreis.

Die grundlegende Problematik der Beschreibung des Einmischverfahrens liegt darin begründet, dass ein digitales Filter softwareseitig in ein analoges System integriert wird. Es entsteht unvermittelt die erste relevante Systemgrenze durch das Nyquist-Shannon Abtasttheorem [AbBo06] (Gleichung 5.1).

$$f_N \leq \frac{f_S}{2} \tag{5.1}$$

Das Abtasttheorem besagt, dass die maximal nutzbare Frequenz (f_N) des abgetasteten Signals der Hälfte der Abtastfrequenz (f_S) entspricht. Im Fall der Beschreibung des Einmischverfahrens wird zusätzlich die Konvention aufgestellt, dass der nutzbare Frequenzbereich weiter verkleinert werden muss, da Systemlaufzeiten, Analog- / Digitalwandlungen und der Filter an sich eine Verzögerungszeit entstehen lassen.

Mit diesen Randbedingungen entsteht für eine exemplarisch in dieser Arbeit betrachtete Abtastzeit von 1 ms eine maximal nutzbare Bandbreite von 250 Hz.

Ein digitales System, welches in ein analoges System integriert ist, muss am Beginn des Signalflusses abgetastet werden. Systemtechnisch wird dies interpretiert als Abtast- und Halteglied 0. Ordnung (siehe Bild 5.1).

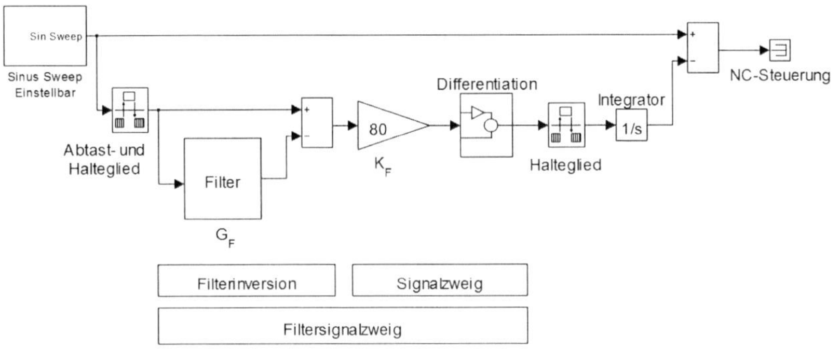

Bild 5.1: Approximierte und schematische Darstellung des Einmischfilters

Approximate and schematic layout of the shifting filter

Als weitere Konvention für die Berechnung des Einmischfilters wird für die mathematische Beschreibung ein rudimentäres Filter verwendet. Der Grund liegt in der Übersichtlichkeit der Differenzialgleichungen sowie im grundlegenden Verständnis der Wirkungsweise der einzelnen Filterparameter. Als Filter wird ein IIR-Filter mit Bandsperrcharakteristik ausgewählt, welches folgende Kenndaten aufweist:

Filterordnung:	2
Untere Grenzfrequenz (f_u):	10 Hz (63 rad/sec)
Mittenfrequenz (f_M):	18 Hz (110 rad/sec)
Obere Grenzfrequenz (f_o):	30 Hz (188 rad/sec)
Abtastfrequenz:	1000 Hz

Das IIR-Filter besitzt somit eine Filterdifferenzialgleichung der Struktur:

$$G_F = \frac{A1\,z^2 + A2\,z + A3}{B1\,z^2 + B2\,z + B3} \tag{5.2}$$

$$G_F = \frac{0{,}9408\,z^2 - 1{,}87\,z + 0{,}9408}{z^2 - 1{,}87\,z + 0{,}8816} \quad \text{(Abtastzeit: 1 ms)} \tag{5.3}$$

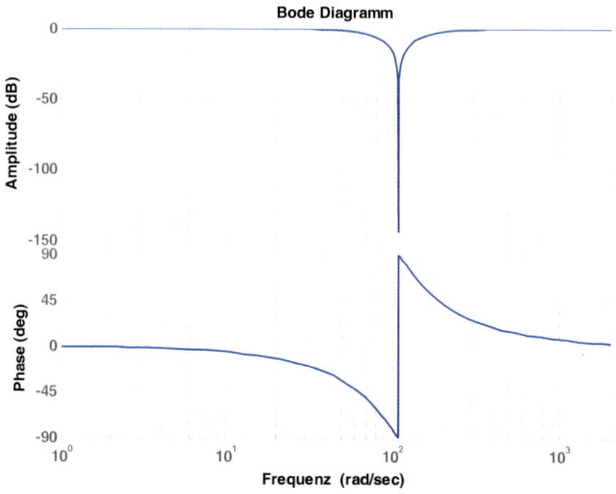

Bild 5.2: Übertragungsverhalten des genutzten IIR Bandsperrfilters

Transfer function of the used IIR band-stop filter

Gleichung 5.2 beinhaltet die Filterkoeffizienten und erlaubt eine Vereinfachung der Berechnung, indem Koeffizient B1 bei IIR Filtern gleich 1 zu setzen ist [Best91]. Um die Übertragbarkeit der Berechnungen zu gewährleisten, wird diese Vereinfachung nur eingesetzt, wenn im Folgenden mit dem unter Gleichung 5.3 vorgestellten, parametrierten Filter gearbeitet wird. Zur Veranschaulichung des Übertragungsverhaltens ist das Bodediagramm des verwendeten Filters in Bild 5.2 dargestellt. Gleichzeitig soll aber auch der Designprozess des Grundfilters transparent gehalten werden. Aus diesem Grund wurde für den Filterentwurf die Filter-Design-Toolbox im Programmpaket Matlab/Simulink benutzt. Der Designprozess orientiert sich an den Verfahren, welche in Kapitel 2.3.3 vorgestellt sind.

Der erste Berechnungsschritt des Signalpfads liegt in der Filtersubtraktion (Gleichung 5.4)

$$G_{1-F}(z) = \left(1 - \left(\frac{A1\,z^2 + A2\,z + A3}{B1\,z^2 + B2\,z + B3}\right)\right) \tag{5.4}$$

Die Berechnung der weiteren Glieder des digitalen Signalpfades (SZ) ohne die Filtersubtraktion erfolgt in der Multiplikation des Haltegliedes 0. Ordnung, der eingeführten Filterverstärkung (K_F) und der Differenziation (Gleichung 5.5).

$$SZ(z) = \frac{(K_F \cdot (z-1))}{z^2} \tag{5.5}$$

Mittels Multiplikation des subtrahierten Filters ergibt sich die Differenzialgleichung des digitalen Filtersignalzweigs:

$$FSZ\_d(z) = -\frac{\left[K_F \cdot \left(\left(\frac{A1\,z^2 + A2\,z + A3}{B1\,z^2 + B2\,z + B3}\right) - 1\right) \cdot (z-1)\right]}{z^2} \tag{5.6}$$

Um den digitalen Filtersignalzweig (FSZ_d, Gleichung 5.6) in ein analoges System einzubetten, muss dieser in ein kontinuierliches System umgerechnet werden. Eine Umrechnung kann durch eine Partialbruchzerlegung und anschließende Konvertierung mittels Korrespondenztabellen realisiert werden. Da dieser Rechenweg aber die gewünschte Abstraktion der Berechnung nicht berücksichtigt, wird an dieser Stelle ein alternativer Weg durch eine Approximation eingeschlagen. Eine häufig genutzte Approximation, um ein digitales in ein kontinuierliches System zu überführen, ist die Tustin-Approximation ([HoBr02], Gleichung 5.7). Das negative Vorzeichen ist nicht Bestandteil der Approximation, wurde aber an dieser Stelle integriert, um die negative Rückführung des Filtersignalzweiges in das Einmischverfahren zu verdeutlichen. Die Tustin-Approximation ist dadurch gekennzeichnet, dass die Systemvariable z durch den Ausdruck

$$z = -\frac{\frac{T\,s}{2} + 1}{\frac{T\,s}{2} - 1} \tag{5.7}$$

ersetzt wird, wobei T die Abtastzeit des Systems ist und s die komplexe Laplace-Variable in der bekannten Form darstellt:

$$s = \sigma_L + i\omega_L \tag{5.8}$$

Wird nun die Berechnungsvorschrift der Tustin-Approximation in den digitalen Signalzweig übernommen, entsteht ein kontinuierliches System, welches die Abtastzeit als systemrelevanten Parameter besitzt. Aus diesem Grund wird die Abtastzeit über die Berechnung und alle Versuchsreihen als konstanter Parameter (1 ms) unverändert belassen. Gleichung 5.9 zeigt die sich ergebende Übertragungsfunktion des kontinuierlichen Systems (FSZ_a).

$$FSZ\_a\,(s) = \frac{K_F \cdot \left(\frac{\frac{T\,s}{2}+1}{\frac{T\,s}{2}-1}\right) \left[\frac{A3 - \frac{A2\left(\frac{T\,s}{2}+1\right)}{\frac{T\,s}{2}-1} + \frac{A1\left(\frac{T\,s}{2}+1\right)^2}{\left(\frac{T\,s}{2}-1\right)^2}}{B3 - \frac{B2\left(\frac{T\,s}{2}+1\right)}{\frac{T\,s}{2}-1} + \frac{B1\left(\frac{T\,s}{2}+1\right)^2}{\left(\frac{T\,s}{2}-1\right)^2}} - 1\right] \left(\frac{T\,s}{2}-1\right)^2}{\left(\frac{T\,s}{2}+1\right)^2} \tag{5.9}$$

Gleichung 5.9 repräsentiert somit ein Ersatzsystem, welches direkt mit der nachfolgenden Integration verrechnet werden kann. Da, wie schon gezeigt, die Integration des Einmischverfahrens nicht als ideal angesehen werden darf und die Integrationsverstärkung eine Funktion der Einstellungen des Verfahrens ist, wurden die Einmischeinstellungen für die Versuchsreihen und die Berechnung konstant gehalten. Dadurch ist eine Vereinfachung der Integrationsverstärkung auf einen konstanten Faktor möglich, welcher im Anwendungsbeispiel und der Berechnung auf den Wert 4 ermittelt werden konnte. Dieser Faktor beinhaltet die Verrechnung der beispielhaft genutzten Einstellwerte des Einmischverfahrens; dazu zählen: Interpolationsrate = 200, Kreisauflösung = 256, Messsystemauflösung = 20 µm, Abtastzeit = 1 ms. Die Gesamtübertragungsfunktion des Einmischfilters wird wie folgt ermittelt und ist in Gleichung 5.11 dargestellt. Um die Verfolgbarkeit der Berechnung nachvollziehbar zu gestalten, wurde der Zwischenschritt im Anhang (Gleichung 9.1) hinterlegt.

$$G_{EMFilter}(s) = 1 - (FSZ\_a(s) \cdot \frac{4}{s}) \tag{5.10}$$

$$G_{EMFilter}(s) = \frac{4 \cdot K_F \cdot \left(\frac{\frac{Ts}{2}+1}{\frac{Ts}{2}-1} + 1 \right) \left[\frac{A3 - \frac{A2\left(\frac{Ts}{2}+1\right)}{\frac{Ts}{2}-1} + \frac{A1\left(\frac{Ts}{2}+1\right)^2}{\left(\frac{Ts}{2}-1\right)^2}}{B3 - \frac{B2\left(\frac{Ts}{2}+1\right)}{\frac{Ts}{2}-1} + \frac{B1\left(\frac{Ts}{2}+1\right)^2}{\left(\frac{Ts}{2}-1\right)^2}} - 1 \right] \left(\frac{Ts}{2}-1\right)^2}{\left[s\left(\frac{Ts}{2}+1\right)^2 \right] + 1} \tag{5.11}$$

Setzt man in Gleichung 5.11 die Filterkoeffizienten (B_1, ..., B_N bzw. A_1, ..., A_N), die Abtastfrequenz von 1 ms und eine exemplarische Filterverstärkung von $K_F = 120$ ein, wird eine Reduktion der Filtergleichung auf die bekannte Struktur der Übertragungsfunktion erreicht. Zusätzlich werden die Terme der Laplace-Potenzen auf ganze Zahlen normiert. Diese Konvention erlaubt eine einheitliche Darstellung als Differenzialgleichung mit entsprechender Zähler- und Nennerordnung. Das Resultat der Berechnung eines Einmischfilters mit einem zugrunde gelegten IIR-Filter mit Bandsperrverhalten beinhaltet Gleichung 5.12. Die parametrierte Gleichung befindet sich im Anhang 9.2 der Arbeit.

$$G_{EMFilter} = \frac{a_0 s^4 + a_1 s^3 + a_2 s^2 + a_3 s + a_4}{b_0 s^4 + b_1 s^3 + b_2 s + b_3} \tag{5.12}$$

Für die Analyse des Übertragungsverhaltens wurden die Polstellen der Übertragungsfunktion (Gleichung 5.13) ermittelt:

Polstellen:

$$Pole(G_{EMFilter}) = \begin{bmatrix} -2000 + 0{,}00i \\ -2000 - 0{,}00i \\ -63{,}1 + 88{,}9i \\ -63{,}1 - 88{,}9i \end{bmatrix} \tag{5.13}$$

Nach der Berechnung der Übertragungsfunktion (Gleichung 5.12) können die Eigenschaften des entstehenden Filtersystems abgeleitet werden. Mit dem verwendeten IIR-Bandsperrfilter in Butterworth-Charakteristik, welcher eine Systemordnung von 2 besitzt, erhöht sich die Komplexität des resultierenden Filters, der mittels Einmischverfahren realisiert wird, auf ein System vierter Ordnung. Diese Ordnungserhöhung kann als allgemeingültig angesehen werden und wird im Weiteren an einem zusätzlichen IIR-Filter (4. Ordnung) verifiziert.

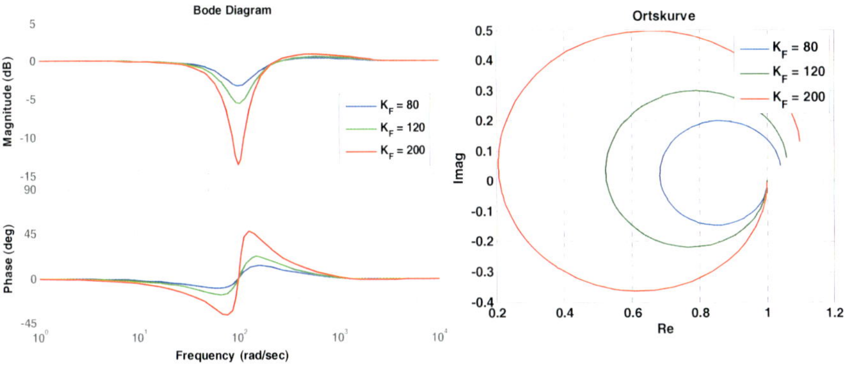

Bild 5.3: Frequenzgang (links) und Ortskurve (rechts) des berechneten Einmischfilters mit Variation der Filterverstärkung

Transfer function (left) and frequency response locus (right) of the calculated shifting filter with differed filter gains

Um die relevanten Systemeigenschaften zu diskutieren, sind in Bild 5.3 die Ortskurve (rechts) und der Übertragungsfrequenzgang (links) des berechneten Einmischfilters dargestellt. Zusätzlich zur graphischen Abbildung des Filterverhaltens wurde eine Parametervariation der Filterverstärkung vorgenommen, um ihren Einfluss zu betrachten.

Der Frequenzgang bildet in der Amplitude ein deutliches Dämpfungsgebiet aus, welches sich abhängig von der gewählten Filterverstärkung ausprägt. Die Mittenfrequenz des Dämpfungsmaximums entspricht der Mittenfrequenz des entworfenen IIR-Bandsperrfilters, welcher der Berechnung zugrunde liegt, und erleichtert somit die Auslegung eines Einmischfilters. Nutzt man einen Filter zweiter Ordnung als Ausgangsfilter, entsteht ein Spezialfall des Einmischfilters, welcher sich einem Notchfilter annähert [Satt01], da der Phasenverlauf eine Punktsymmetrie aufweist. Der Amplitudenverlauf eines Notchfilters sollte sich an der Mittenfrequenz spiegeln lassen; dies ist bei dem entstandenen Einmischfilter nur approximiert möglich. Speziell liegen an diesem Punkt die signifikanten Unterschiede, welche einer Anwendung eines reinen Notchfilters im Signalzweig eines Lagereglers widersprechen. Der Frequenzbereich nach der Mittenfrequenz des Grundfilters weicht - speziell bei höheren Filterordnungen - signifikant von der eines Notchfilters ab. Im hier betrachteten Fall eines Grundfilters zweiter Ordnung äußert sich die Abweichung in der Asymmetrie und dadurch, dass ein Frequenzbereich nach dem angestrebten Dämpfungsgebiet eine Verstärkung realisiert. Gleichzeitig ist der phasenanhebende Teil des Übertragungsverhaltens deutlich vergrößert, im Gegensatz zum phasenabsenkenden Bereich vor der Mittenfrequenz. Dieser Sachverhalt wird besonders durch die Ortskurve verdeutlicht, indem diese nicht symmetrisch zur imaginären Achse ist. Der Verstärkungsbereich nähert sich für Frequenzen $\omega \rightarrow \infty$ der 0-dB-Linie an, so dass bei hohen Frequenzen keine Auswirkungen durch den Filter zu erwarten sind.

In Bild 5.3 ist der Einfluss der Filterverstärkung durch die Kurvenschar abgebildet, welche in besonderem Maße die Leistungsfähigkeit der angestrebten Filterung charakterisiert. Erst mit einer Grundverstärkung kann eine zielführende Filterung eines Frequenzbandes erreicht werden. Speziell in der Ortskurve kann die Amplitude der Steigerung der Dämpfung abgelesen werden, indem sich die Ortskurven bei erhöhter Filterverstärkung signifikant vergrößern. Da es sich hier um technische Systeme handelt, ist zu erwarten, dass eine Steigerung der Filterverstärkung nicht zu einer stetig ansteigenden Dämpfung führt und somit die Filterverstärkung ein erster Parameter für die Stabilität des Einmischfilters ist.

Zur Untersuchung des Stabilitätsverhaltens eines Einmischfilters bietet sich eine Stabilitätsanalyse mittels Wurzelortskurven (WOK) an. Im Rahmen dieser werden die Systempole des Einmischfilters (Gleichung 5.13) betrachtet. Es entstehen zwei konjugiert komplexe Polpaare, welche sich in ihrer Systemwirkung unterscheiden. Um die entstehenden Wurzelortskurven zu veranschaulichen, ist in Bild 5.4 die gesamte Wurzelortskurve des Einmischfilters und ein Ausschnitt der stabilitätsrelevanten Polstellen dargestellt. Die Systempole sind in allen Abbildungen der WOK als Kreuze (x) und Nullstellen als Kreise (o) illustriert.

Das Polpaar ($P_{1,2} = -2000 \pm 0i$) beschreibt dynamische Effekte im Filtersystem und ist für die Stabilitätsbetrachtung durch die Entfernung von der reellen Achse nicht relevant. Den Einfluss auf das dynamische Verhalten im Zeitbereich charakterisiert der hohe negative Realteil der Polstellen. Das zweite konjugiert komplexe Polpaar mit einem Realteil von $Re = -63$ ist für die Stabilität des Einmischfilters maßgeblich. Durch die Gestaltungsregeln einer Wurzelortskurve [Günt97] verlaufen die Äste in die zusätzlich entstehenden Nullstellen, welche auch konjugiert komplex sind (siehe Bild 5.4). In der Abbildung sind zusätzlich die entstehende Lage der Nullstellen bei einer Variation der Filterverstärkung eingezeichnet, welche sich an den K_F-Werten in Bild 5.3 orientieren. Es wird sichtbar, dass mit einer Erhöhung der Filterverstärkung die Nullstellen in Richtung der imaginären Achse wandern und somit näher an den Stabilitätsrand des Systems rücken. Eine Filterverstärkung, welche 300 überschreitet, führt zu einem instabilen System.

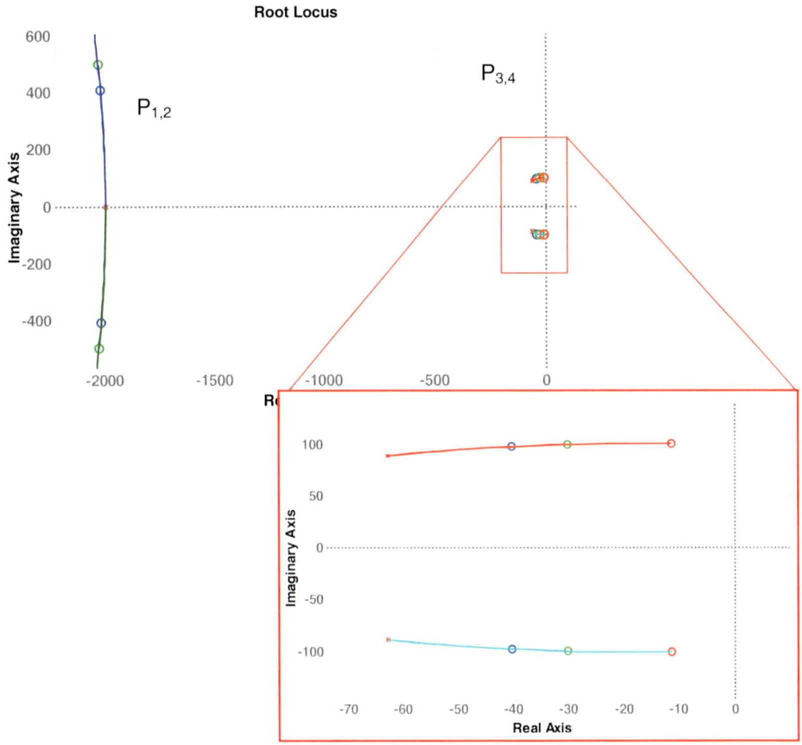

Bild 5.4: Wurzelortskurve des berechneten Einmischfilters mit Variation der Filterverstärkung

Root locus of the calculated shifting filter with differed filter gains

Dieser explizite Verstärkungswert muss aber als theoretische Grenze betrachtet werden, da es sich hier um ein idealisiertes System handelt, welches zwar das grundsätzliche Verhalten abbildet, aber andere Parameter des resultierenden Systems in Bezug auf das Stabilitätsverhalten vernachlässigt. Im realen Betrieb des Filters muss bei den entstehenden Schwingungszuständen, welche auftreten, wenn sich die Nullstellen und somit die WOK-Zweige der imaginären Achse nähern, mit einem zusätzlichen Sicherheitsfaktor gearbeitet werden, so dass am realen System nur Verstärkungsfaktoren $1<K_F<150$ benutzt werden sollten.

Für ein repräsentatives Bild der entstehenden Eigenschaften eines Einmischfilters wird im Folgenden ein Grundfilter vierter Ordnung betrachtet, welches IIR-Bandsperrcharakteristik aufweist. Der Grundfilter wird allgemein in Gleichung 5.14 dargestellt und mit Parametern für eine Abtastzeit von 1 ms in Gleichung 5.15 konkretisiert.

$$G_{Filter,4O} = \frac{A1\,z^4 + A2\,z^3 + A3\,z^2 + A4\,z + A5}{B1\,z^4 + B2\,z^3 + B3\,z^2 + B4\,z + B5} \tag{5.14}$$

$$G_{Filter,4O} = \frac{0{,}915\,z^4 - 3{,}638\,z^3 + 5{,}447\,z^2 - 3{,}638\,z + 0{,}915}{z^4 - 3{,}8\,z^3 + 5{,}439\,z^2 - 3{,}476\,z + 0{,}8372} \tag{5.15}$$

Aus Gründen der Übersichtlichkeit wird auf die Darstellung des Rechenwegs und der sich ergebenden allgemeingültigen Berechnungsvorschrift für das Übertragungsverhalten verzichtet. Für die Ermittlung der Differenzialgleichung des entstehenden Einmischfilters sind die identischen Frequenzwerte für untere und obere Eckfrequenzen (10 Hz und 30 Hz) benutzt worden. Um die Ergebnisse vergleichbar zu gestalten, wird eine Filterverstärkung von K_F=120 gewählt. (Dieser Wert ist im betrachteten Beispiel als theoretisch erreichbar anzusehen, für die praktische Umsetzung ist aber ein Sicherheitsfaktor vorzusehen, siehe Kapitel 5.4.)

Es ergibt sich eine Differenzialgleichung sechster Ordnung, welche das Übertragungsverhalten des Einmischfilters beschreibt und im Anhang in Gleichung 9.3 dargestellt ist.

Polstellen:

$$Pole(G_{Filter,6O}) = \begin{bmatrix} -2000 + 0{,}00i \\ -2000 - 0{,}00i \\ -62{,}6 + 155{,}1i \\ -62{,}6 - 155{,}1i \\ -26{,}6 + 65{,}9i \\ -26{,}6 - 65{,}9i \end{bmatrix} \tag{5.16}$$

Aus der Gleichung 9.3 lassen sich die Polstellen (Gleichung 5.16) ermitteln. Somit kann die Aussage, dass ein Einmischfilter die Ordnung des Grundfilters um zwei erhöht, bestätigt werden. Zusätzlich nimmt die Anzahl der Pol- und Nullstellen ebenfalls mit der Filterordnung zu.

Für eine grundlegende Aussage, wie sich das Übertragungsverhalten eines Einmischfilters verändert, wenn sich die Ordnung des Grundfilters erhöht, werden wiederum der Übertragungsfrequenzgang und die Ortskurve betrachtet. Bild 5.5 zeigt die Systemdarstellungen. Der auffälligste Unterschied im Vergleich zu einem Grundfilter zweiter Ordnung liegt in der Ausbildung des entstehenden Dämpfungsgebiets und des Bereiches, in dem die Phasenanhebung entsteht. Dieser systemrelevante Bereich verbreitert sich signifikant. Des Weiteren bleibt aber der Eingangsbereich, in dem eine Phasenabsenkung innerhalb des Dämpfungsgebietes entsteht, identisch. Gleiches gilt für die Frequenzgangüberhöhung am Ende des Dämpfungsbereichs, welche, wie zuvor festgestellt, eine Amplitudenüberhöhung hervorruft.

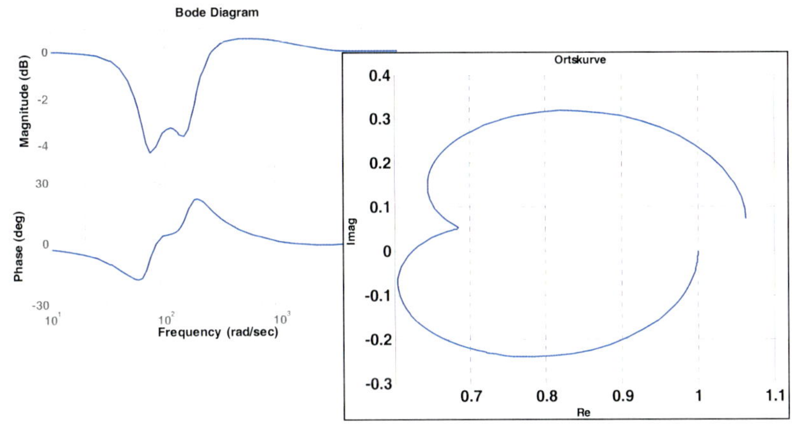

Bild 5.5: Frequenzgang (links) und Ortskurve (rechts) des berechneten Einmischfilters

Transfer function (left) and frequency response locus (right) of the calculated shifting filter

Um die entstehende Asymmetrie in Bezug auf die phasenanhebenden Bereiche des Dämpfungsgebietes des Einmischfilters klar herauszustellen, kann die Ortskurve herangezogen werden. Trotz der nichtlinearen Frequenzdarstellung wird deutlich, dass sich die Kurve in den ersten Quadranten verschoben hat. Dies bedeutet für einen Zeiger, der auf der Kurve entlangläuft, dass über einen weiten Bereich eine positive Phase vorliegt.

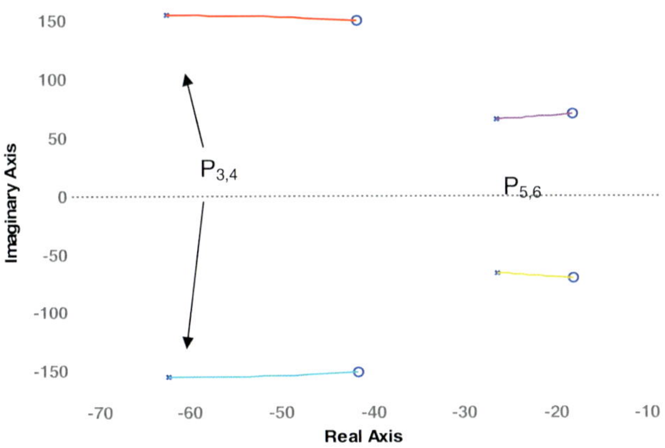

Bild 5.6: Ausschnitt der Wurzelortskurve des berechneten Einmischfilters mit einem Filter 4. Ordnung

Root locus section of the calculated shifting filter (4. order)

Die stabilitätsrelevanten Eigenschaften, welche durch die Erhöhung der Grundfilterordnung entstehen, werden erst in der Wurzelortskurvendarstellung sichtbar (siehe Bild 5.6).

Es wird deutlich, dass die zusätzlichen Polstellen, welche durch den Grundfilter entstehen, sich zwischen den bekannten systemrelevanten Polen ($P_{3,4}$ = -63±155i) und der imaginären Achse platzieren. Somit haben die zusätzlichen Pole einen entscheidenden Einfluss auf die Stabilität des Einmischfilters. Mit dem Verlauf der Wurzelortskurve wird deutlich, dass nun die Pole ($P_{5,6}$ = -27±66i) und ihr Verlauf die Stabilität begrenzen.

Aufgrund dieser Tatsache kann die Schlussfolgerung gezogen werden, dass die Erhöhung der Ordnung des Grundfilters den Einstellbereich der Filterverstärkung signifikant einschränkt. Die Stabilität ist aber weiterhin gegeben. Der Vorteil, welcher durch die erhöhte Grundordnung entsteht, ist ein erweiterter Dämpfungsbereich und das größere Gebiet der Phasenanhebung. Für einen Einsatz des Einmischfilters an einem Kugelgewindetrieb muss diese Eigenschaft berücksichtigt werden. Eine Auslegung des Filters sollte anhand der Erfahrungen erfolgen, welche in Kapitel 5.5 erörtert sind. Somit kann die mathematische Darstellung, wie ein Einmischfilter grundlegend berechnet wird, als abgeschlossen betrachtet werden.

5.3 Systemrelevante Auswirkungen eines Einmischfilters mit Positionsrückführung

Relevant results of shifting filter with position feedback

Die simulativen Ergebnisse in Kapitel 4 haben gezeigt, dass durch den Einsatz eines Einmischfilters ein dynamischer Positionsfehler entsteht, der sich explizit auf den Schleppabstand der Vorschubachse, an welcher der Filter eingesetzt wird, im Betrag aufaddieren kann. Dieses Verhalten kann so zunächst nicht akzeptiert werden. Aus diesem Grund wurden verschiedene Variationen der Fehlerreduktion betrachtet, wobei die Kompensation über einen proportionalen Faktor den einzigen erfolgversprechenden Ansatz darstellt (siehe Kapitel 4.7). Aus diesem Grund wird im Folgenden auf die systemrelevanten Auswirkungen einer proportionalen Fehlerkompensation eingegangen. Das Kapitel erweitert die mathematische Beschreibung der Filterstruktur, da mit der Berechnung der Filterstruktur und der abschließend entstehenden Differenzialgleichung eine Analyse des Übertragungsverhaltens möglich ist.

Die Berechnung des Übertragungsverhaltens orientiert sich an der in Kapitel 5.2 beschriebenen Vorgehensweise. Somit wird das Prinzipschaubild nach Bild 5.7 berechnet. Aus Darstellungsgründen wird die Abbildung um die Halteglieder reduziert, welche für die Analog/Digital-Wandlung mittels Ein- bzw. Ausgangsinterpolator stehen. Der Fokus der Abbildung liegt auf der proportionalen Positionsfehlerrückführung. Da die komplexer werdenden Differenzialgleichungen in allgemeiner Form keine systembedingten Rückschlüsse auf das Verhalten zulassen und die Übersichtlichkeit der Darstellung beeinträchtigen, wird auf die Abbildung der Berechnung verzichtet. Gleichzeitig ist anzumerken, dass die Fehlerkompensation additiv auf den Filtersignalzweig (FSZ) wirkt und somit nicht von der Differenziation des Filterausgangs betroffen ist.

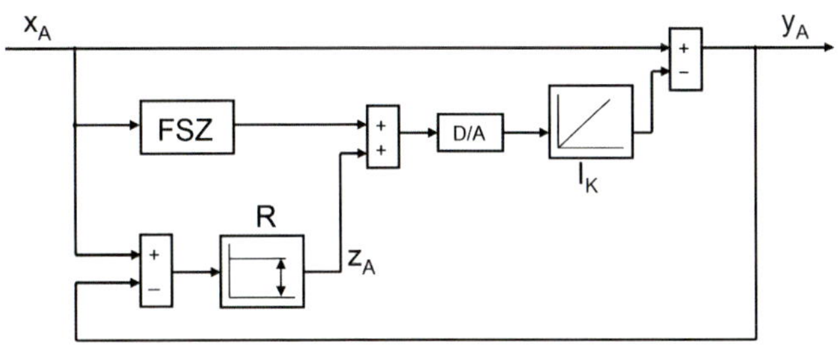

Bild 5.7: Prinzipdarstellung der proportionalen Positionsfehlerrückführung

Scheme of the proportionally position feedback system

Für die Berechnung des Übertragungsverhaltens wird der identische Grundfilter zweiter Ordnung, welches mittels der Gleichungen 5.2 und 5.3 beschrieben ist, verwendet. Zusätzlich wird zu Demonstrationszwecken die Filterverstärkung exemplarisch reduziert ($K_F = 50$) und der Proportionalfaktor der Rückführung auf $R = 20$ festgelegt. Eine Reduktion von K_F ist nötig, da die Rückführung die Stabilität des Filters zusätzlich einschränkt. Dieser Sachverhalt wird in der Analyse der Ergebnisse erläutert. Mittels dieser Einschränkung auf einen expliziten Arbeitspunkt des Einmischfilters kann das Übertragungsverhalten charakterisiert werden. Die konkret ermittelte Übertragungsfunktion und die zugehörigen Systempole sind im Anhang 9.2 hinterlegt (Gleichung 5.17, Polstellen in Gleichung 9.5).

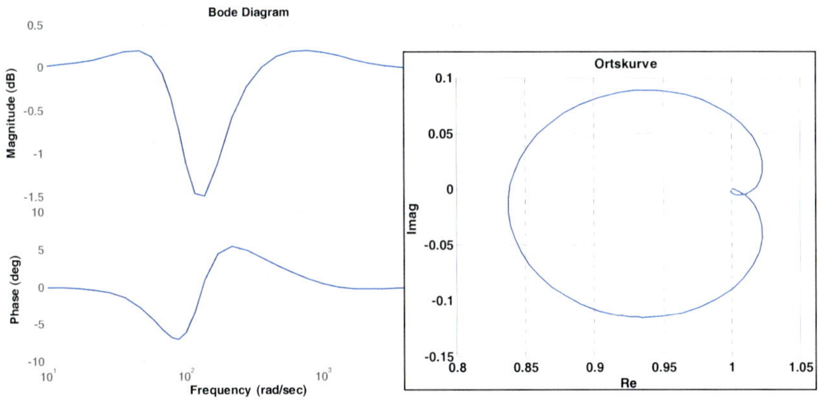

Bild 5.8: Bodediagramm (links) und Ortskurve (rechts) des Einmischfilters mit proportionaler Positionsfehlerrückführung

Transfer function (left) and frequency response locus (right) of the shifting filter with position feedback

Die Analyse des Übertragungsverhaltens erfolgt mittels des Bode-Diagramms und der Ortskurve, welche in Bild 5.8 dargestellt sind. Der Phasengang zeigt ein identisches Verhalten zu Bild 5.3. Der Amplitudengang beinhaltet signifikante Abweichungen. Es entsteht das gewünschte Dämpfungsverhalten im angestrebten Frequenzbereich. Am Ende des Dämpfungsgebiets ist wiederum eine Überhöhung zu verzeichnen. Der systemtechnisch interessante Frequenzbereich liegt am Beginn des Dämpfungsgebiets und zeigt eine deutliche Überhöhung mit verstärkendem Verhalten.

Eine Verstärkung an dieser Stelle muss zum Ausschluss dieses Filters führen, da ein Einmischfilter auf eine Amplitudenüberhöhung im Frequenzgang eines Vorschubantriebs dämpfend wirken soll. Wenn ein Filter in der Nutzbandbreite eine zusätzliche Überhöhung und somit eine systembedingte Resonanzstelle verursacht, wird das Übertragungsverhalten des Vorschubantriebs nicht verbessert, sondern eingeschränkt. Die Überhöhung kann ebenso in der Ortskurve detektiert werden, da der Bereich, in welchem die niederfrequenten Systemanteile dargestellt sind, im zweiten Quadranten Realanteile von Werten > 1 annimmt.

Um Rückschlüsse auf das Stabilitätsverhalten zu ermöglichen, wurde erneut die Wurzelortskurve erstellt und als systemrelevanter Ausschnitt in Bild 5.9 illustriert.

Es entsteht ein zusätzlicher reeller Pol (vgl. Gleichung 5.13) und eine weitere reelle Nullstelle. Dominierend für das Übertragungsverhalten bleibt das konjugiert komplexe Polpaar, welches die Filterung realisiert, während der reelle Pol das gewünschte fehlerreduzierende Verhalten generiert, dadurch aber auch verstärkend im Filtereingangsfrequenzband wirkt.

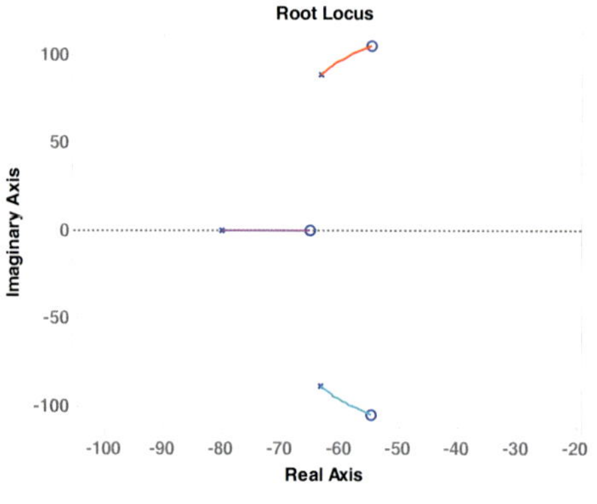

Bild 5.9: Ausschnitt der Wurzelortskurve des Einmischfilters mit proportionaler Positionsfehlerrückführung, R = 20

Root locus section of shifting filter with position feedback, R = 20

Um den Einfluss des Rückführfaktors (R) in der proportionalen Rückführung zu betrachten, wurde die Berechnung mit R = 1 wiederholt. Die dadurch entstehenden Polstellen sind in Gleichung 9.6 im Anhang 9.2 hinterlegt.

Es zeigt sich, dass sich der Betrag der Rückführung nur auf den reellen Pol auswirkt und somit keinen Einfluss auf die eigentliche Filterung bzw. auf die Ausprägung des Dämpfungsgebiets hat. Die Wurzelortskurve des Filtersystems mit reduzierter Rückführung zeigt, dass sich der reelle Pol und die zugehörige Nullstelle annähernd kompensieren und dadurch die Wirkung der Rückführung signifikant reduziert wird (siehe

Bild 5.10). Somit entsteht ein Widerspruch in der Verwendung der proportionalen Positionsfehlerkompensation, da ein hoher Kompensationsfaktor eine gute Reduktion des dynamischen Positionsfehlers eines Einmischfilters hervorruft. Gleichzeitig zeigt aber eine reduzierte Positionsfehlerkompensation eine Annäherung an das ursprüngliche Filterverhalten. Trotz dieser Annäherung bleibt die Erhöhung des Amplitudengangs bestehen, fällt aber signifikant geringer aus.

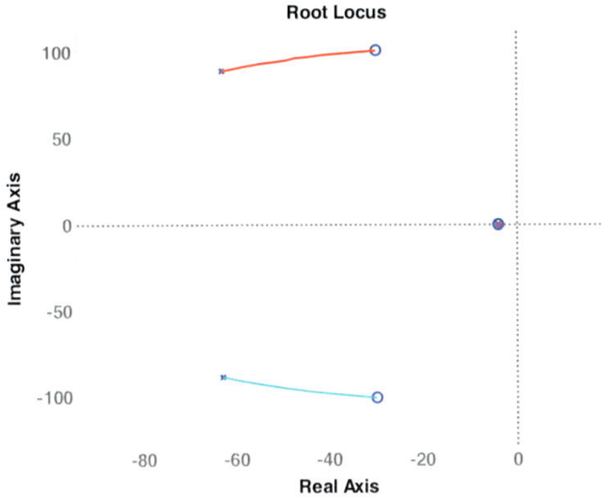

Bild 5.10: Ausschnitt der Wurzelortskurve des Einmischfilters mit proportionaler Positionsfehlerrückführung, R=1

Root locus section of shifting filter with position feedback, R = 1

Die hier beschriebenen Nachteile führen zu einem Ausschluss der Positionsfehlerrückführung. Diese Aussage wird durch Versuche an einem Vorschubantrieb in Kapitel 6.2.4 belegt.

5.4 Berechnung eines Kugelgewindetriebs mit Istwertfilter im Lageregelkreis

Calculation of a ball screw feed drive with filtering in the position loop

Der entworfene Einmischfilter soll im nächsten Schritt als Positionsistwertfilter in einen Vorschubregelkreis integriert werden. Um die Ergebnisse aus Kapitel 4 zu erweitern und speziell auf die Stabilität des Vorschubsystems Bezug zu nehmen, wird der Vorschubregelkreis hinsichtlich mathematisch regelungstechnischer Eigenschaften analysiert.

Für die Berechnungen werden die erörterten Grundlagen in Kapitel 2.1.1 herangezogen und der Kugelgewindetrieb, welcher in Kapitel 6.1 vorgestellt ist, mittels der für diesen Prüfstand bekannten Parameter beschrieben. Eine Liste der Parameter befindet sich im Anhang 9.3 der Arbeit. Um die Darstellung zu vereinfachen, müssen verschiedene Konventionen getroffen werden, welche das relevante Antriebsverhalten beschreiben. Vereinfachungen für die Berechnung des Vorschubantriebs sind gemäß Bild 2.2:

1. Der Einfluss der induzierten Gegenspannung wird vernachlässigt. Dies ist bei kleineren Geschwindigkeiten zulässig, da die Rückwirkung über die elektromotorische Konstante entsprechend klein ausfällt.
2. Zusätzlich ist davon auszugehen, dass alle Messsysteme ein ideales Übertragungsverhalten besitzen und dass es sich um eine Vorschubachse handelt, welche mit direkter Lagemessung ausgerüstet ist, da in dieser Arbeit keine anderen Messfunktionen betrachtet werden.
3. Die Nichtlinearitäten wie beispielsweise die Stellgrößenbegrenzungen finden keine Berücksichtigung.

Mittels der Vereinfachungen und den bekannten Parametern des Vorschubantriebs wird das Verhalten des Lageregelkreises als Differenzialgleichung 5. Ordnung zusammengefasst (Gleichung 5.17).

$$G_{LRK} = \frac{X_2\,s^2 + X_1\,s + X_0}{Y_5\,s^5 + Y_4\,s^4 + Y_3\,s^3 + Y_2\,s^2 + Y_1 s + Y_0} \qquad (5.17)$$

Diese Herangehensweise kann verallgemeinert werden, da das Strukturbild eines Antriebsystems mit KGT (Bild 2.2), die erfolgte Berechnung (Gleichung 2.3) und die getroffenen Vereinfachungen auf alle in Werkzeugmaschinen eingesetzten Antriebssysteme mit KGT angewendet werden können. Die verwendeten Parameter sind speziell auf den genutzten Vorschubantrieb angepasst, aber beziehen sich auf Kenndaten, welche durch die verwendeten Komponenten gegeben bzw. in einer parametrierten Regelung vorgegeben sind. Das sich ergebende Stabilitätsverhalten, welches in Bild 5.3 über die Wurzelortskurve (WOK) charakterisiert wird, kann somit auf alle Antriebssysteme mit KGT erweitert werden.

Diese Verallgemeinerung ist zulässig, da eine Maschinenachse immer zuerst konventionell in Betrieb genommen wird bzw. die Regelung parametriert wird. Erst wenn durch die konventionelle Inbetriebnahme nicht die geforderte Dynamik des Antriebssystems erreichbar ist, wird der Anwender Sonderfunktionen wie einem Positionsistwertfilter hinzuziehen. Somit ist davon auszugehen, dass grundlegende Werte für zu parametrierende Einstellungen wie beispielsweise Reglerparameter von dem Einsatz eines Positionsistwertfilters vorliegen.

Setzt man die Parameter des KGT-Prüfstandes in Gleichung 2.3 ein, kann der Übertragungsfrequenzgang berechnet werden (Anhang Gleichung 9.7).

Trotz der digitalen Grundstruktur der Regelung kann das Übertragungsverhalten als kontinuierliches System aufgefasst werden, da die Abtastzeit in Bezug auf die systemrelevanten Zeitkonstanten klein ist und somit ein quasikontinuierliches System entsteht. Um eine Aussage über das Systemverhalten zu ermitteln, werden zusätzlich die Systempole der Übertragungsfunktion berechnet (Anhang Gleichung 9.8). Das dynamische Verhalten des Vorschubantriebs kann daher im Bode Diagramm und der Ortskurve beschrieben werden. Aus Gründen der Übersichtlichkeit sind die Darstellungen im Anhang Bild 9.1 hinterlegt. Es entsteht ein idealisiertes Übertragungsverhalten, in welchem auch praktisch nicht umsetzbare Reglerverstärkungen einstellbar sind.

In der Berechnung entstehen die nutzbare Bandbreite des Kugelgewindetriebs und die erwartete Eigenfrequenz. Ihre Ausprägung ist aber deutlich geringer als am realen Objekt. Zusätzlich wird die Ortskurve im dritten und vierten Quadranten nicht so stark ausgeprägt, da die Totzeiten vernachlässigt wurden. Für eine Einschätzung der Stabilität und des Übertragungsverhaltens sind die berechneten Darstellungen aber ausreichend. Für die strukturelle und graphische Analyse des Stabilitätsverhaltens eines Kugelgewindetriebs wurde die Wurzelortskurve ermittelt, welche als Ausschnitt in Bild 5.3 dargestellt ist. Der Ausschnitt zeigt speziell das konjugiert komplexe Polpaar, das die Stabilität des Antriebs mit KGT beschränkt, indem die äußeren Äste der Wurzelortskurve im Winkel von 60° zur reellen Achse bei wachsender Regelkreisverstärkung auf die positive reelle Halbebene zulaufen. Diese Ausprägung der WOK-Struktur ist systemrelevant und bildet für den Einrichter eines Vorschubsystems die Stabilitätsgrenze.

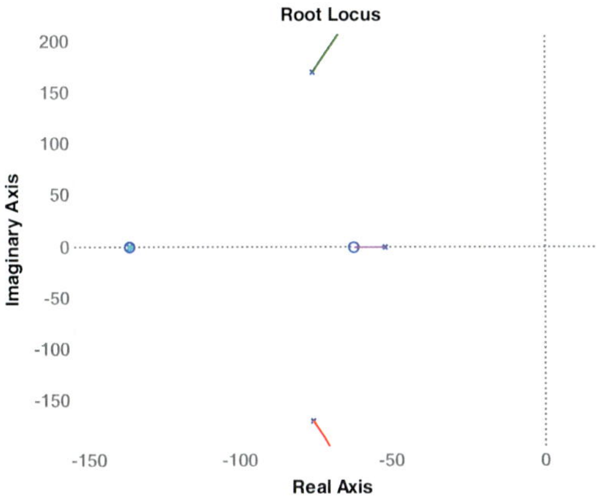

Bild 5.11: Ausschnitt der Wurzelortskurve des Antriebsystems mit KGT (Prüfstand)

Root locus section of the feed drive (test bench)

Ein Istwertfilter darf die Grundstruktur nicht beeinflussen, da sich sonst das eigentliche Stabilitätsverhalten des Antriebssystems verändert. Im Bereich der Werkzeugmaschinen sollte diese Grenze auch bei der Parametrierung des Antriebssystems nicht erreicht werden, da vor einer Instabilität ein Überschwingverhalten auftreten wird, welches die Grenze der erreichbaren Reglerverstärkungen (K_V, K_P) darstellt.

Mit der Zielstellung, durch den Einsatz eines Istwertfilters die erreichbaren Reglerverstärkungen zu erhöhen, wird der Zwischenraum zwischen einer nicht schwingungsfähigen Parametrierung und einer möglichen Instabilität verringert. Aus diesem Grund sind die folgenden Untersuchungen erforderlich und vermitteln ein entsprechendes Systemverständnis.

Für die Integration des Istwertfilters werden erneut die Berechnungen im Kapitel 2.1.1 herangezogen, welche den Lösungsweg und die Zwischenschritte aufzeigen. Greift man die Berechnung des Lageregelkreises (Gleichung 2.3) auf und erweitert diese um den steuerungsexterne Einmischfilter (siehe Bild 4.1), ergibt sich folgende Berechnungsvorschrift für den Lageregelkreis (Gleichung 5.18):

$$G_L = \frac{K_L \cdot h \cdot ii \cdot G_v}{s + K_L \cdot h \cdot ii \cdot G_v \cdot G_{AFS}} \tag{5.18}$$

Um die Komplexität der Differenzialgleichungen zu reduzieren, wird im Folgenden wiederholt nur mit abstrahierten Gleichungssystemen gearbeitet und diese anschließend analysiert. Die Parametrierung der einzelnen Faktoren kann der Tabelle im Anhang dieser Arbeit entnommen werden. Der verwendete Einmischfilter ist exemplarisch auf den Lageregelkreis abgestimmt und wird in dem betrachteten Fall so ausgelegt, dass er ein breites Frequenzband abdeckt. Diese Vorgehensweise wird in Kapitel 5.5 gesondert erörtert. Es handelt sich um einen IIR-Bandsperrfilter mit Butterworth-Charakteristik und folgenden Parametern:

Filterordnung:	2
Untere Grenzfrequenz (f_u):	20 Hz
Obere Grenzfrequenz (f_o):	100 Hz
Abtastfrequenz:	1000 Hz

Das Einmischfilter besitzt folgende Struktur in Pol-Nullstellen-Darstellung gemäß der Berechnung in Kapitel 5.2.

$$G_{AFS}(s) = \frac{(s+NS_1)(s+NS_2)(s+NS_3)(s+NS_4)}{(s+PS_1)(s+PS_2)(s+PS_3)(s+PS_4)} \tag{5.19}$$

Nutzt man die Übertragungsfunktion des Lageregelkreises 5. Ordnung in Pol-Nullstellen-Darstellung (Gleichung 5.20) und integriert gemäß Gleichung 5.18 die Filterdifferenzialgleichung, so entsteht die Lageregelkreisübertragungsfunktion des Antriebssystem mit AFS (Gleichung 5.21).

$$G_{LRK}(s) = \frac{(s+NL_1)(s+NL_2)(s+NL_3)}{(s+PL_1)(s+PL_2)(s+PL_3)(s+PL_4)(s+PL_5)} \tag{5.20}$$

$$G_{LRK\_AFS}(s) = \frac{(s+NL_1)(s+NL_2)(s+NL_3)(s+PS_1)(s+PS_2)(s+PS_3)(s+PS_4)}{(s+PL_1)(s+PL_2)(s+PL_3)(s+PL_4)(s+PL_5)(s+NS_1)(s+NS_2)(s+NS_3)(s+NS_4)} \tag{5.21}$$

Es zeigt sich, dass die Pole des Einmischfilters zu Nullstellen des Lageregelkreises werden und die Nullstellen des Filters sich in die Polstellen des Lageregelkreises integrieren. Dieser Sachverhalt ist direkt als Entwurfkriterium zu betrachten und bei der Auswahl eines Filters zu berücksichtigen. Das grundlegende Systemverhalten des Lageregelkreises bleibt von der Erweiterung der Differenzialgleichung des Regelkreises durch den Filter aber unberührt, wenn in der Auslegung des Filtersystems dieser Umstand berücksichtigt wurde. Speziell ist in diesem Zusammenhang die erreichbare bzw. die genutzte Filterverstärkung anzusprechen, da sie die Pole des Filters im Arbeitspunkt und auch im Arbeitsbereich des Filters anordnet. Somit kann eine zu groß gewählte Filterverstärkung zusätzliche, dominierende Pole im Vorschubantrieb generieren und damit die Stabilität des Antriebs gefährden. Aus diesem Grund wird zu der maximal erreichbaren Filterverstärkung (vgl. Kapitel 5.2) ein Sicherheitsfaktor von zwei empfohlen. Berücksichtigt man zusätzlich, dass die ermittelten Aussagen auf einem idealisierten Kugelgewindetrieb basieren, schränkt dies die Filterverstärkung zusätzlich ein, so dass diese im Anwendungsfall einen Wert von K_F=120 nicht überschreiten darf. Dieser Wert ist als oberste Grenze für Istwertfilter zweiter Ordnung anzusehen. Da aber eine erhöhte Grundfilterordnung diesen Wert zusätzlich einschränkt, muss auf den Anwendungsfall verwiesen werden, welcher die nötige Grundfilterordnung definiert. Die Einschränkung des Bereichs für K_F zeigen die Stabilitätsuntersuchungen. Diese konnten durch Erfahrungswissen sowie Simulationen und Prüfungen an verschiedenen Vorschubachsen bestätigt werden.

Um die Resultate zu prüfen, wurde der Lageregelkreis mit Positionsistwertfilter des KGT-Prüfstand aus Kapitel 6.1 berechnet. Das sich ergebende Übertragungsverhalten wird im Anhang in der Differenzialgleichung 9.9 dargestellt. Anhand der Struktur kann die Wirkung bestätigt werden, wenn man die Pole und Nullstellen des verwendeten Filters (Anhang Gleichung 9.11) und die Pole und Nullstellen des Lageregelkreises (Anhang Gleichung 9.10) gegenüberstellt.

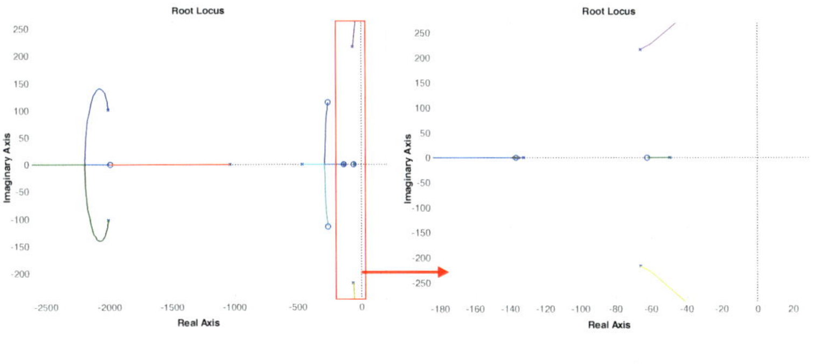

Bild 5.12: WOK des Lageregelkreises (links) und vergrößerter Ausschnitt (rechts)

Root locus (left) and root locus section (right) of the position loop

Durch die Integration des Einmischfilters in den direkten Messsystemsignalzweig der Vorschubachse verändert sich die Struktur der Wurzelortskurve. Um der Übersichtlichkeit Rechnung zu tragen, wird im Folgenden nicht die gesamte Struktur analysiert, sondern nur auf die stabilitätsrelevanten Eigenschaften eingegangen. Dies ist, wie bereits erörtert, nur möglich, wenn die Auslegung des Filters so erfolgt ist, dass sie das Stabilitätsverhalten des Lageregelkreises nicht beeinflusst. Somit integriert sich das Filtersystem in den Lageregelkreis und beeinflusst die Grundstruktur der WOK nicht. Dies wird ersichtlich, wenn man die entstehenden WOK-Äste der konjugiert komplexen Pole (im Beispiel: $-66.3 \pm 216.9i$) betrachtet, welche erneut in einem Winkel von 60° bezüglich der reellen Achse in die positive, reelle Halbebene verlaufen. Dies wurde in Bild 5.12 illustriert (links). Der rechte Teil der Abbildung vergrößert einen Ausschnitt der WOK und veranschaulicht das Verhalten des Polpaares. Stellt man im Vergleich dazu Bild 5.11 gegenüber, so zeigt sich, dass das Systemverhalten und damit das Stabilitätsverhalten des Kugelgewindetriebs durch den Einmischfilter nicht beeinträchtigt wird.

Um eine qualitative Einschätzung des erreichbaren Ergebnisses zu erhalten, wird der Übertragungsfrequenzgang herangezogen, da dieser auch bei der Bewertung des Übertragungsverhaltens von Vorschubantrieben als standardisiertes Hilfsmittel genutzt wird. Bild 5.13 zeigt das Ergebnis und ermöglicht eine Analyse der entstehenden Eigenschaften. Das Resultat des Filterentwurfs beinhaltet die beiden Teilbereiche des Filters, in denen eine Amplitudendämpfung und gleichzeitig eine Phasenanhebung realisiert ist, die es erlaubt, die nutzbare Bandbreite des Vorschubantriebs zu steigern. Gleichzeitig ist im Eingangsbereich eine Phasenabsenkung entstanden, welche sich aber nicht negativ auf den Vorschubantrieb auswirkt, da sie weit vor dem Bereich liegt, der als Phasenreserve betrachtet wird. Schlussfolgernd kann festgestellt werden, dass ein Istwertfilter nicht die entstehende Resonanz vor der Stabilitätsgrenze beseitigen kann, sondern nur deren Wirkung reduziert. Dies trifft auf alle Antriebssysteme zu, in welche ein Positionsistwertfilter eingesetzt wird.

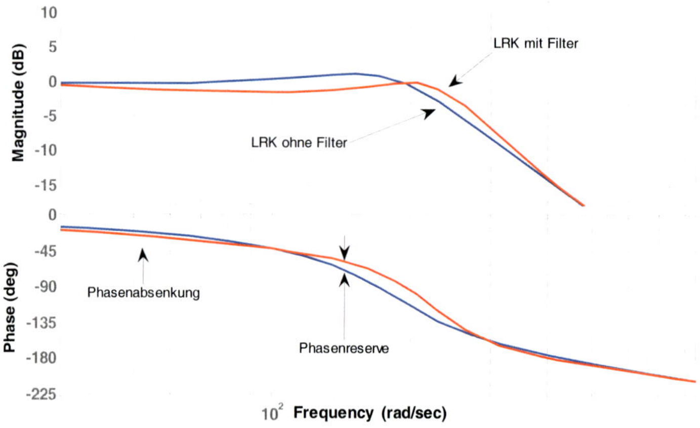

Bild 5.13: Übertragungsfrequenzgangausschnitt des Lageregelkreises mit und ohne Filter

Transfer function section of the position loop with and without filter

Eine gesonderte Betrachtung der Eigenschaften ist mittels Ortskurve möglich, welche in Bild 5.14 dargestellt ist. Durch diese Systemdarstellung kann auf Eigenschaften rückgeschlossen werden, welche im Auslegungsfall eines Einmischfilters unbedingt beachtet werden müssen. Die Ortskurve bietet hierfür die richtigen Voraussetzungen, da die Darstellung frequenzabhängig ist und die Frequenz nichtlinear abgebildet wird. So ist in der Ortskurve der Dämpfungsbereich des Filters überproportional groß illustriert und zeigt eine breitbandige Auslegung des Filters. Der interessante und systemtechnisch relevante Aspekt liegt aber im Schnittpunkt beider Ortskurven. An diesem Punkt ist der Ausgangsbereich des Filters erreicht und es kommt die Eigenverstärkung zum Tragen, welche der Filter am Ende des Dämpfungsgebiets besitzt. Zieht man das allgemeine Verhalten der Ortskurven über die Steigerungen des K_v-Faktors [WeBr06] hinzu, entsteht durch den Einmischfilter ein verändertes Verhalten des Vorschubregelkreises.

Durch das Verstärkungsgebiet des Einmischfilters wird eine K_v-Faktor-Erhöhung im Antriebssystem realisiert.

Diese Eigenschaft des Einmischfilters in der Verwendung als Lageistwertfilter hat weitreichende Konsequenzen für den Einsatz in Vorschubantrieben und wird in Kapitel 5.5 diskutiert.

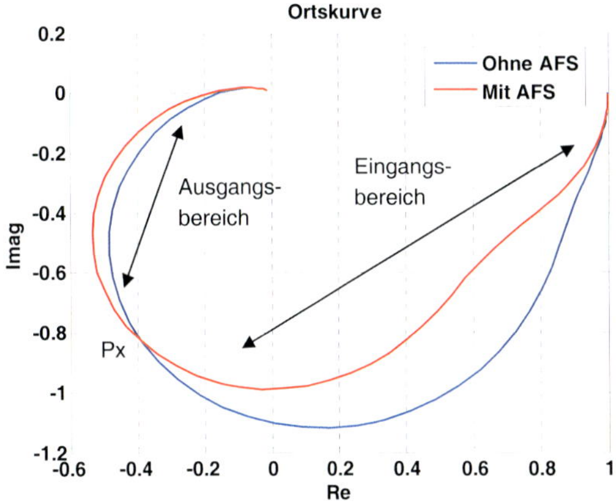

Bild 5.14: Ortskurve des Lageregelkreises mit und ohne Einmischfilter (AFS)

Frequency response locus of the position loop with and without shifting filter

5.5 Einricht- und Betriebsverhalten eines Einmischfilters

Setup and operating behavior of the shifting filter

Die Erfahrungen mit dem Einmischfilter bzw. der „Active filter structure" (AFS) haben gezeigt, dass das Filtersystem an den Kugelgewindetrieb speziell angepasst werden muss. Hierbei kristallisieren sich zwei Betriebsarten des Filters heraus, welche signifikante Unterschiede in der Auslegung erfordern.

Die erste Betriebsart ist in Kapitel 5.4 vorgestellt und in Bild 5.13 illustriert. Es zeigt sich deutlich, dass die Funktion des Filters eine Steigerung der Phasenreserve und erst in zweiter Linie eine Dämpfung der Frequenzgangüberhöhung bewirkt. Anhand des diskutierten Beispiels konnte gezeigt werden, dass der Einsatz nicht nur auf das Bedämpfen von Resonanzstellen ausgelegt werden kann, sondern mit der Filteranordnung eine weitere Einsatzmöglichkeite entsteht – die Erhöhung der Phasenreserve. Da diese Anwendung für die eigentliche Zielstellung der Arbeit nur eine Erweiterung der Funktionalität darstellt, wird diese Art der Auslegung nicht weiter verfolgt.

Zielstellung bleibt weiterhin, ein schmalbandiges Filter zu nutzen, mit dem entstehende Resonanzen bedämpft werden können, welche durch die mechanische Konstruktion entstehen, die eine Überhöhung des Übertragungsfrequenzgangs durch die Regelung des Vorschubantriebs reduzieren. Um dies zu verdeutlichen, wurde die Berechnung des Lageregelkreises wiederholt und als Istwertfilter ein Filter benutzt, welches sich an die Filter in Kapitel 5.2 anlehnt. Da dieses Filter nicht exakt auf den Frequenzgang des Vorschubantriebs zugeschnitten ist, wird auf eine entsprechende Vergleichsdarstellung verzichtet. Die berechnete Ortskurve des Vorschubantriebs kann aber zur vergleichenden Darstellung herangezogen werden, da die nichtlineare Frequenzdarstellung speziell die Dämpfungsgebiete hervorhebt und somit vergleichbar gestaltet. Als Ergebnis einer alternativen Filterauslegung veranschaulicht die Ortskurve in Bild 5.15 ein schmalbandiges Dämpfungsgebiet, welches zur Bedämpfung von Vorschubresonanzen genutzt werden kann.

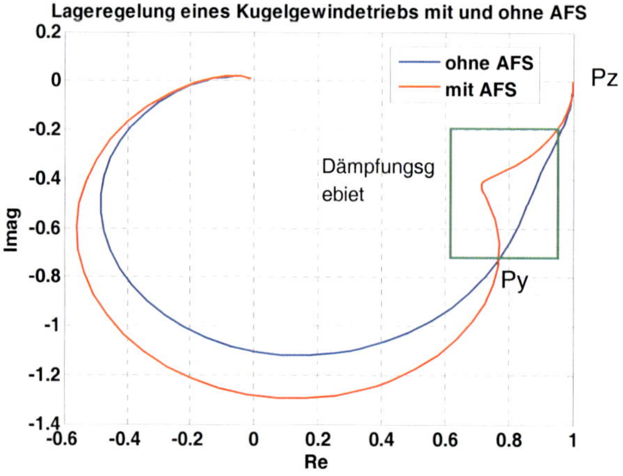

Bild 5.15: Ortskurve einer schmalbandigen Filterauslegungsstrategie des Prüfstands

Frequency response locus of the position loop with other filter strategy

Gleichzeitig verdeutlicht diese Darstellung, dass der Filter ein verstärkendes Verhalten besitzt, dass als zusätzliche Reglerverstärkung interpretiert werden muss. Ein deutliches Indiz für die verschiedenen Auslegungsarten ist die Position des Schnittpunkts beider Ortskurven, der mit dem großen Realteil den schmalbandigen Filterentwurf zeigt.

Ein weiterer Aspekt, welcher charakteristisch ist für den Filterentwurf und die Arbeitsweise des Einmischfilters, veranschaulicht die statische Genauigkeit des Systems. Dieser Sachverhalt kann auch im Punkt Pz = 1±0i in der Ortskurve abgelesen werden. Dadurch, dass die Kurven der beiden Regelkreise exakt den Punkt treffen und über einen kleinen Frequenzbereich nachfolgend übereinander liegen, ist die statische Genauigkeit vollends gegeben. Des Weiteren ist sichergestellt, dass eine Positionierbewegung des Antriebs den gewünschten Endwert erreicht.

Die Auswirkungen der Eigenverstärkung des Einmischfilters im Betrieb der Vorschubachse sind dagegen gravierender. Diese Eigenschaft kann nur in Einzelachsen vernachlässigt werden, da die Positionierung lediglich von den Reglereinstellungen abhängt. Der Fall einer Einzelachse ist für Werkzeugmaschinen aktueller Bauart nicht zu betrachten, da in allen Bearbeitungszentren, welche heute eingesetzt werden, verschiedene Achsen miteinander interpolieren. Erst durch das gezielte Zusammenspiel der synchronisierten Bewegungen ergeben sich die gewünschten Geometrien der zu produzierenden Werkstücke.

Wenn durch den Istwertfilter eine Achse einen höheren resultierenden K_v-Faktor besitzt, sind synchrone Bewegungen nicht mehr möglich. Es stehen somit nur zwei Lösungsmöglichkeiten zur Verfügung, welche ein Zusammenspiel der verschiedenen Maschinenachsen ermöglichen.

Fall A:

Der einzusetzende Istwertfilter wird in allen Maschinenachsen integriert. Diese Methode stellt sicher, dass die Eigenverstärkung des Filters in allen Achsen wirksam ist. Gleichzeitig werden mögliche Signallaufzeiten kompensiert, da sie in allen Achsen enthalten sind. Geht man von einer konventionellen Maschine aus, in welcher eine kritische Achse die Einstellungen der Reglerwerte limitiert, so ist davon auszugehen, dass alle weiteren Achsen keinen Filter benötigen und ein höherer K_v-Faktor einstellbar ist. Ein Filter kann problemlos in diese Achsen integriert werden, da somit lediglich die Grundverstärkung erhöht wird.

Fall A stellt aber noch einen Punkt dar, der nicht technisch betrachtet werden muss. Indem jede Achse mit einem Istwertfilter bestückt wird, entsteht ein zusätzlicher Kostenpunkt bei der Herstellung eines Bearbeitungszentrums. Es werden Maschinenachsen mit zusätzlicher Technik bestückt, welche sie nicht benötigen. Ob dieser Aufwand gerechtfertigt ist, sollte der Maschinenhersteller in einer Kosten-Nutzen-Analyse klären.

Fall B:

Es wird davon ausgegangen, dass eine Maschinenachse die erreichbaren Reglereinstellungen limitiert und mittels Istwertfilter bedeutend höhere Werte erreichen kann. In dieser Zusammensetzung ist eine synchrone Bewegung aller Achsen nicht mehr gegeben. Da aber bekannt ist, dass der Istwertfilter eine Eigenverstärkung besitzt, sollte es möglich sein, durch eine Erhöhung der Reglerfaktoren in den übrigen Maschinenachsen eine synchrone Bewegung herzustellen. Diese hier betrachtete Theorie wird in Kapitel 6 weiter verfolgt, da damit ein erhebliches Einsparpotenzial der Produktionskosten entsteht.

Eine Konvention, die im Werkzeugmaschinenbereich allgemein anerkannt ist, besteht darin, dass alle Achsen den gleichen K_V-Faktor besitzen. Sollte die Theorie, dass die Eigenverstärkung mit einer K_V-Faktorerhöhung der weiteren Achsen zu kompensieren ist, erfolgreich bewiesen werden, ist zusätzlich gezeigt, dass eine Maschine mit unterschiedlichen K_V-Faktoren eine synchrone Bewegung ausführen kann, da die Verstärkung nicht durch die Reglerwerte, sondern durch den Einmischfilter erfolgt.

5.6 Erweiterte Filterstruktur

Extended filter structure

Es soll in diesem Kapitel die Frage nach der Erweiterung und den sich erschließenden Einsatzgebieten einer Lageistwertfilterung aufgeworfen werden. Ein Aspekt, der in Grundzügen in [MBH10] vorgestellt ist und als mögliche Erweiterung des Einmischfilters betrachtet werden kann, ist die Berücksichtigung verschiedener Dämpfungsgebiete. Die Ausweitung auf mehrere Dämpfungsbereiche wird durch die Parallelschaltung von verschiedenen Filtern erreicht. Dies ist in Bild 5.16 illustriert.

Eine Erweiterung bietet die Möglichkeit, auf verschiedene Eigenschwingungen im Lageregelkreis zu reagieren. Hierdurch würden sich die Anwendungsbereiche einer Lageistwertfilterung erweitern.

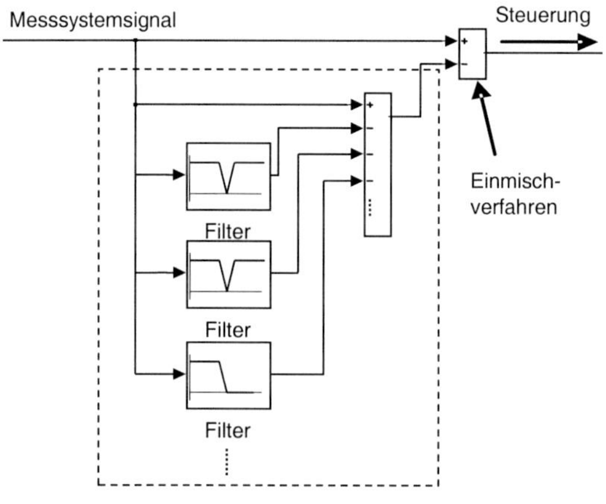

Bild 5.16: Erweiterung des Einmischfilters auf verschiedene Frequenzbereiche [MBH10]

Enlargement of the shifting filter to differed frequencies [MBH10]

Aufbauend auf den Erfahrungen der Kapitel 4 und 5 muss die Erweiterbarkeit allerdings kritisch diskutiert werden, da das Übertragungsverhalten des entworfenen Einmischfilters auch Frequenzbereiche einschließt, die nicht im Nutzfrequenzband des Grundfilters liegen. Es wird in der Diskussion davon ausgegangen, dass die aufgestellte Hypothese Anwendung findet, dass eine Kompensation des dynamischen Positionsfehlers nicht notwendig ist.

Um die Erweiterbarkeit zu prüfen, müssen zu Beginn die in Kapitel 5.8 betrachteten Grenzen einer Istwertfilterung im Frequenzgang des Lagereglers berücksichtigt werden. Bildet man das Verhalten eines Vorschubantriebs als PT_2-System ab, ergibt sich eine dominierende Resonanzstelle, auf welche die Istwertfilterung mittels Einmischfilter auszulegen ist. Hierbei ist die Amplitudenüberhöhung zu kompensieren bzw. die Phasenreserve zu erhöhen. Bei einem Mehrmassenschwinger wird erneut die erste Eigenfrequenz die Bandbreite begrenzen. Unterhalb einer solchen Resonanz scheint die Filterung nachteilige Wirkung zu besitzen, da das Dämpfungsverhalten des Lageregelkreises bei einem aktiven Filter beeinträchtigt wird (vgl. Kapitel 5.8). Somit ist die Erweiterbarkeit in tieffrequente Bereiche auszuschließen.

Eine Erweiterung des Filters in hochfrequente Bereiche erscheint an diesem Punkt als einzige Alternative, da, wie in Bild 5.3 und Bild 5.5 nachgewiesen wurde, der Filter eine Überhöhung am Filterausgang produziert. Mit der Wahl eines zusätzlichen Grundfilters wird aber an dieser Stelle der Lageregelkreis verlassen, da der eigentliche Grundfilter am Rand der Bandbreite des Lageregelkreises liegt. Somit wirkt sich der erweiterte Filter in seinem Verhalten auf Signalanteile aus, welche erst im Geschwindigkeitsregelkreis genutzt werden, aber durch den Lageregelkreis rückgekoppelt sind. An diesem Punkt entsteht ein Themenfeld, welches weit über den Umfang dieser Arbeit hinausgeht und somit auch nicht betrachtet werden kann.

Die Möglichkeit, mit einer erweiterten Filterstruktur die Überhöhung am Filterausgang zu reduzieren, zeigt somit interessante Bereiche auf, welche in nachfolgenden Arbeiten betrachtet werden sollten, da auf die Eigenverstärkung des Filters aktiv eingewirkt werden kann.

Ein weiterer kritisch anzumerkender Aspekt in der Erweiterung der Filterstruktur sind die Auswirkungen auf das Stabilitätsverhalten, da durch ein oder mehrere zusätzliche Filter weitere Systempole entstehen. Ein Einsatz der erweiterten Filterstruktur bedingt somit die Diskussion des Stabilitätsverhaltens, den Einstellbereich der Filterverstärkung und die gesamten Inbetriebnahmekriterien. Kapitel 5.2 bietet in diesem Fall einen Ansatzpunkt, da der beschriebene mathematische Weg im digitalen Systembereich erweitert werden kann, um eine erneute Berechnung des Übertragungsverhaltens zu ermöglichen.

Eine Parallelschaltung von identischen Filtern ermöglicht zusätzlich die Verstärkung des Dämpfungsgebietes, indem sich die entstehenden Dämpfungseigenschaften mathematisch verdoppeln. Dies ist eine bekannte Praxis, um die Ordnung verschiedener Filter zu erhöhen [Best91], [TiSc99]. Da die benutzten Filter aber rein als Softwarebausteine implementiert sind, entsteht durch die parallele Verschaltung gleicher Filter lediglich eine Ordnungserhöhung, welche nicht den Einsatz einer erweiterten Filterstruktur rechtfertigt. Die Auswirkungen einer erhöhten Filterordnung werden in Kapitel 4.6 ausreichend analysiert.

5.7 Adaptive Gestaltung von Istwert-Filtersystemen im Positionssignal

Adaptive layout of filters in the position signal

Eine Istwertfilterung, welche für ein Vorschubsystem entworfen wurde, ist an die Auslegung des Filters und die Schwingungseigenschaften des Antriebsstrangs sowie der Mechanik gekoppelt. Viele Werkzeugmaschinenachsen bleiben im Betrieb in ihren Eigenschaften konstant. Durch die zunehmende 5-Achsbearbeitung und die Weiterentwicklung von Werkzeugmaschinen nehmen aber Antriebssysteme zu, die das zu bearbeitende Werkstück tragen und somit im Laufe der Bearbeitung unterschiedliche Gewichtszustände des Werkstückes durchlaufen.

Ein besonders ausgeprägter Fall entsteht bei der Bearbeitung von Integralbauteilen im Flugzeugbau. In vielen Maschinen wird das zu bearbeitende Werkstück mit einem Gewicht von bis zu 1000 kg auf einer Antriebsachse montiert. Bei der Zerspanung entsteht dann ein Massenverlust von über 90 %. Dieser Verlust wirkt sich je nach Auslegung der Grundstruktur auf die Antriebseigenschaften aus. In der Praxis wird der Änderung des Werkstückgewichts mit einer schweren Grundstruktur entgegen gewirkt. Diese zieht aber entsprechende Kosten nach sich.

Anhand des vorgestellten Beispiels von Integralbauteilen im Flugzeugbau konnte verdeutlicht werden, an welcher Stelle der entworfene Prototyp seine aktuellen Entwicklungsgrenzen besitzt. Aus diesem Grund soll eine mögliche adaptive Gestaltung des Istwertfilters diskutiert werden.

Zusätzlich zu den bekannten adaptiven Konzepten, wie ein Filter ausgelegt werden kann, indem ein Gütefunktional ausgewertet wird und dann nach einem Suchverfahren (beispielsweise ein Gradientensuchverfahren [MoHo00]) ein Optimum ermittelt wird, stehen im Fall des Einmischverfahrens verschiedene Optionen zur Verfügung.

Wie in [Mirb99] beschrieben, wurde das Einmischverfahren in einem FPGA implementiert. Dem Einmischverfahren stehen durch diese Umsetzung zusätzliche adaptive Anpassungswege offen. Eine Möglichkeit, den Istwertfilter flexibel zu gestalten, greift auf die Eigenschaften des FPGA zurück, mehrere Einmischverfahren und somit deren Erweiterungen in einem Baustein zu vereinen. Ein FPGA ist frei programmierbar und kann im laufenden Betrieb zwischen Instanzen des Einmischverfahrens umschalten. Mit diesem Hintergrund ist die Variation der Filter als Programmfunktionalität der FPGA-Programmierung denkbar. Beispielsweise muss eine Auswerteelektronik die Güte der eingesetzten Filterung überwachen und kann im Hintergrund einen neuen Filterentwurf durchführen. Die Berechnung eines neuen, auf die veränderten Umgebungsbedingungen angepassten Filters kann unabhängig vom Filterbetrieb erfolgen. Der neu ermittelte Filter wird innerhalb eines Systemtaktes (beispielsweise 1 ms) als neues Softwareelement im FPGA hinterlegt, so dass die Istwertfilterung weiterhin kontinuierlich fortgesetzt werden kann.

Für ein adaptives Gestalten des Istwertfilters als wechselnde Programmfunktionen ist eine zusätzliche Logik erforderlich, welche den Filterbetrieb überwacht und steuert. Es muss sichergestellt werden, dass zum Zeitpunkt des Filterwechsels keine Positionsdifferenzen entstehen und die Filterlaufzeit minimal gehalten wird. Es ist zusätzlich denkbar, den neu ermittelten Filter in einem entsprechend großen FPGA schon als Zusatzfunktion bereitzustellen und eine Umschaltung erst nach dem abgeschlossenem Einschwingvorgang zu realisieren. Diese Variation ist in Bild 5.17 illustriert. Eine Steuerungslogik überwacht das Verhalten und die Qualität der Ergebnisse. Abhängig von der Qualität werden unterschiedliche Filter in den Messsystemsignalpfad geschaltet. Zusätzlich bietet die Optimierungslogik die Möglichkeit, mittels Gütefunktional nicht benötigte Filter im Hintergrund zu optimieren.

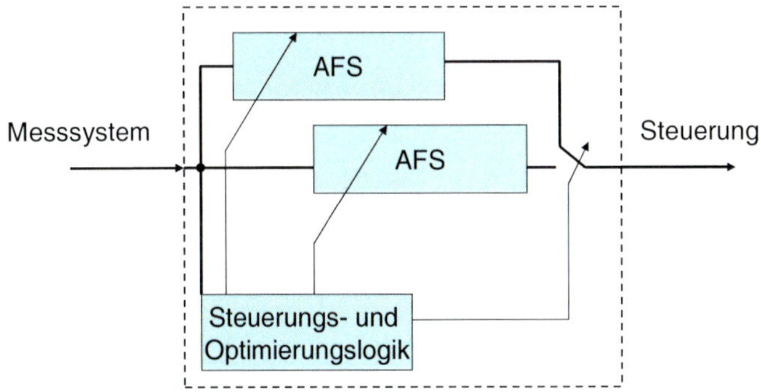

Bild 5.17: Möglichkeiten der adaptiven Gestaltung des Einmischfilters

Concept of adaptive layout with shifting filter

Somit wäre eine Optimierung und Anpassung eines Filters möglich, ohne dass dieser den Lageregelkreis beeinflusst. Des Weiteren minimiert eine Umschaltung auf einen optimierten Filter in einem Systemtakt die Unstetigkeiten im Betrieb der Vorschubachse.

Anhand dieser Beispiele, welche über die bekannten Gestaltungsmöglichkeiten eines adaptiven Filters hinausgehen, kann der Einmischfilter an die veränderten Gegebenheiten eines Vorschubantriebs während der Bearbeitung angepasst werden. Hinzu kommt, dass eine Maschinenachse ihr Systemverhalten beispielsweise durch Massenreduktion nicht sprunghaft ändert, sondern dass der Prozess über eine verhältnismäßig lange Bearbeitungszeit entsteht. Eine sprunghafte Änderung entsteht nur bei einem Werkstückwechsel, der aber im Allgemeinen keinen zeitkritischen Fall darstellt und in der adaptiven Gestaltung gesondert betrachtet werden kann.

5.8 Grenzen eines Istwertfilters für Kugelgewindetriebe

Limits of the shifting filter for ball screw feed drives

Mittels der mathematischen Beschreibung und der Vorstellung einer Berechnungsmethode konnte gezeigt werden, welches Potenzial in einer Istwertfilterung an Kugelgewindetrieben mit direkter Positionsmessung entsteht. Um die Ergebnisse richtig einschätzen zu können, wird an dieser Stelle der Arbeit auf Grenzen einer Istwertfilterung eingegangen, um darzulegen, dass die Filterung keinen umfassenden Ansatz darstellt, eine Schwingungsproblematik einer Werkzeugmaschine zu kompensieren.

Die Istwertfilterung bietet Vorteile in Antriebssystemen, welche eine steuerungs- und regelungsbedingte Frequenzgangüberhöhung kurz vor der ersten mechanischen Eigenfrequenz aufweisen. Die mechanische Eigenfrequenz bleibt aber unverändert erhalten. Es kann durch einen Istwertfilter nur verhindert werden, dass die Regelung zusätzlich Energie in die Resonanzstelle der Mechanik einbringt. Schwingt eine Maschine, so dass das Bearbeitungsergebnis dadurch beeinträchtigt wird, kann auch ein Istwertfilter keine Verbesserung erzielen.

Ein weiterer theoretischer Anwendungsbereich muss an dieser Stelle ausgeschlossen werden. Hat eine Maschine in einer Achse eine Eigenschwingung, welche so tieffrequent ist, dass sie innerhalb der Bandbreite des Lageregelkreises liegt, kann auch keine Istwertfilterung eingesetzt werden. Dieser Sachverhalt tritt oft bei Großwerkzeugmaschinen auf. Es gibt zwei Gründe, welche diesen Anwendungsbereich ausschließen. Der Hauptgrund liegt in dem Frequenzbereich, in welchem eine Eigenschwingung auftritt. Dieser Frequenzbereich liegt oft bei Frequenzen $f < 10$ Hz. Da ein Istwertfilter, welches einen solchen Frequenzbereich kompensiert, direkt die Bewegungsführung der Achse beeinflusst, ist von einem Einsatz abzuraten. Die ausgefilterten Signalanteile fallen in diesem Zusammenhang so groß aus, dass der dynamische Fehler, welcher durch den Filter generiert wird, im Vergleich zum Schleppfehler extrem stark ansteigt. Es entsteht eine Diskrepanz zwischen dem Soll- und dem Istsignal einer Lageregelung, die der Steuerung einer Werkzeugmaschine keine gesicherten Werte liefert. Jede Maschinensteuerung überwacht eine Diskrepanz der Positionssignale als Sicherheitsaspekt. Es wäre grob fahrlässig, eine entsprechende Überwachungsfunktion nicht zu berücksichtigen. Aufgrund des großen dynamischen Fehlers und der Verletzung von Sicherheitsaspekten muss auf eine Filterung innerhalb der Lageregelbandbreite verzichtet werden.

6 Vorschubantriebssysteme mit Lageistwertfilter

Feed drive system with position filter

Die Ergebnisse der Kapitel 4 und 5 zeigen, dass mittels des Einmischverfahrens ein Istwertfilter entworfen werden kann, welcher in der Lage ist, innerhalb des Lageregelkreises zu arbeiten und diesen positiv zu beeinflussen. Des Weiteren zeigt die Berechnung des Lageregelkreises in Kapitel 5.4, dass ein Vorschubantrieb mit Einmischfilter stabil und funktionstüchtig ist. Mit diesem Hintergrundwissen und den Erfahrungen aus Simulationen und Verifikationsmessungen wird nun ein Einmischfilter in zwei verschiedene Vorschubantriebssysteme mit Kugelgewindetrieb eingesetzt und dessen Funktion und Gesamtverhalten untersucht. Ein KGT wird an einem Prüfstand mit Zusatzaufbauten betrachtet. Der zweite KGT ist in einem Bearbeitungszentrum fest integriert und stellt die begrenzende Achse für die maximal möglichen Reglerverstärkungen dar (siehe Kapitel 5.5).

Ausgehend von diesen Erfahrungen wird an dem Bearbeitungszentrum ein zweiter Filter an einer weiteren Achse in Betrieb genommen und somit das Zusammenwirken der verschiedenen Achsen betrachtet. Als Nachweis wurde mit dem entwickelten Filterprototyp ein Probewerkstück gefertigt. Das Probewerkstück ist vermessen worden und dient für eine Auswertung, welche Einflüsse durch den Filter entstehen.

6.1 Vorstellung Antriebsprüfstand und Bearbeitungszentrum DBF 630

Presentation of the feed drive test bench and machining centre DBF 630

Um das Thema einer Istwertfilterung an Kugelgewindetrieben (KGT) betrachten zu können, müssen nicht nur das genutzte Verfahren oder die technisch relevanten Alternativen untersucht werden, sondern auch die ermittelten Lösungen an realen Vorschubantrieben getestet werden. Um die Funktionsweise zu zeigen, standen ein am WZL entwickelter Prüfstand und ein Bearbeitungszentrum der Firma DS Technologie zur Verfügung.

6.1.1 Modellierung und Verifikation des KGT Prüfstands

Modelling and verification of the feed drive test bench

Der Prüfstand, an welchem der Istwertfilter untersucht wurde, ist in Bild 6.1 dargestellt. Die Grundkomponenten sind eine Kugelgewindespindel mit Fest-Los-Lagerung und ein Servomotor, welcher als Direktantrieb angebracht wurde. Als Steuerung und Regelung dient ein dSpace System, welches den Umrichter ansteuert. Die Positionsregelung ist als die bekannte Kaskadenstruktur, welche für Antriebssysteme in Werkzeugmaschinen üblich ist, hinterlegt.

Da der Prüfstand auch für die Betrachtung anderer Antriebskonzepte verwendet wurde [BOH09], [OHB07], sind auf dem Hauptschlitten verschiedene Aufbauten zu erkennen. Diese waren für die Versuche fest mit dem Hauptschlitten verbunden, sodass die zusätzlichen Komponenten lediglich als Zusatzmasse dem Hauptschlitten zuzurechnen sind.

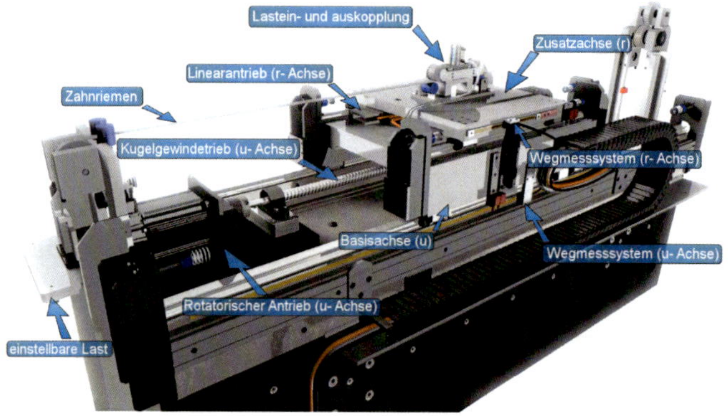

Bild 6.1: Prüfstand mit KGT am WZL

Test bench with ball screw spindle build-on WZL

Der Aufbau wurde in der Modellierung des Prüfstands immer als Gesamtkonzept mit redundantem Antriebskonzept beschrieben. Eine separate Abbildung des KGT als eigenständiges Modell stand aber noch nicht zur Verfügung. Aus diesem Grund mussten im Vorfeld der Arbeit die Modellierung und die Verifikation der Ergebnisse erfolgen, um einen Istwertfilter an dem Prüfstand einsetzen zu können. Grundlage der Modellierung ist die schematische Darstellung in Bild 2.2. Diese wurde um ein zusätzliches schwingungsfähiges System ergänzt, um verschiedene Frequenzen des Antriebssystems abzubilden. Die Modellierung erfolgt in Matlab/Simulink. Das Prüfstandsmodell dient im Weiteren als Werkzeug, um die Eigenschaften einer Istwertfilterung darzustellen. Aus Gründen der Übersichtlichkeit soll auf eine Darstellung der modellierten Details verzichtet werden, da das Modell einem konventionellen KGT entspricht. Die Parameter des Prüfstands und des Simulationsmodells sind im Anhang der Arbeit aufgeführt.

In der Verifikation des Prüfstandmodells zeigt sich ein Frequenzgangverhalten, welches auf den prototypischen Aufbau der Achse zurückzuführen ist. Der Prüfstand besitzt zwei signifikante Frequenzen (15 Hz und 96 Hz). Die Frequenz von 96 Hz entspricht der Eigenfrequenz des Antriebssystems und ist in der grundlegenden Auslegung der Regelung zu beachten. Die Frequenz von 15 Hz zeigt eine Aufstellschwingung, welche die einstellbaren Reglereinstellungen limitiert. Dies zeigt besonders der Phasengang, welcher die Phase -90° bei dieser Frequenz erreicht. Den Führungsfrequenzgang illustriert Bild 6.2 und zeigt zusätzlich die entstehende Aufstellschwingung mit gesteigertem Kv-Faktor. Die Schwingung ist so dominierend, das sie eine moderate Einstellung der Antriebsreglerwerte erfordert. Der Prüfstand stellt somit ein erstes Einsatzgebiet für die Istwertfilterung zur Verfügung, indem die Reduktion der Schwingung untersucht wird.

Das Simulationsmodell ist in der Lage, beide Frequenzen darzustellen. Der Fokus der Untersuchungen liegt aber auf der Aufstellschwingung. Der Modellabgleich und eine Motorstrommessung zeigt das verifizierte Verhalten (vgl. Bild 6.3) des Simulationsmodells. Die Modellierung der Schwingung ist gezielt auf den Phasengang abgestimmt, da die genaue Ausprägung der Amplitudenüberhöhung sich hinsichtlich der Reglerverstärkungen unterscheidet.

Um die Mess- und Auswertefunktionen, welche die Prüfstandssteuerung zur Verfügung stellt, zu nutzen, wurde die Frequenz (15 Hz) zusätzlich durch eine geeignete Anregungsfunktion der Positionswerte (Sinussweep) gezielt angeregt. Somit konnte eine signifikante Amplitudenüberhöhung erzeugt werden. Bild 6.3 veranschaulicht diesen Sachverhalt.

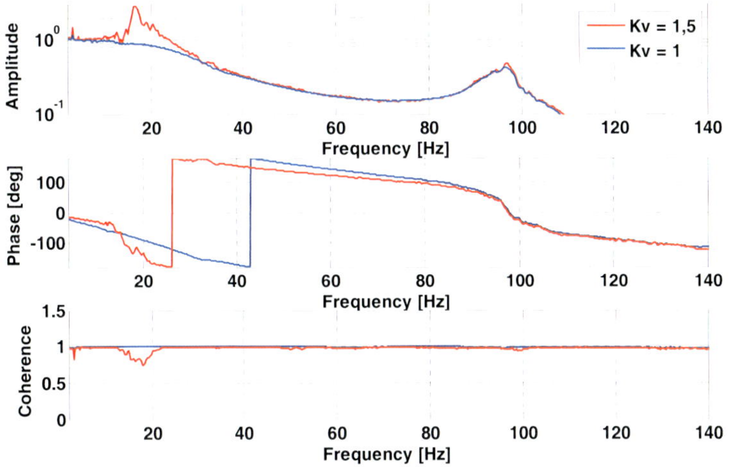

Bild 6.2: Führungsfrequenzgang des KGT Prüfstand mit normiertem Kv-Faktor in m/(min mm)

Transfer function of the test bench with normed Kv-factor in m/(min mm)

Eine genaue Prüfstandbeschreibung und weitere Eigenschaften des Vorschubsystems kann den angegebenen Literaturstellen ([BOH09], [OHB07]) entnommen werden. In der Modellierung wurde eine Einschränkung getroffen, indem die Reibung der Führungen und der KGT-Mutter vernachlässigt ist. Da die Reibung auf das Vorschubsystem dämpfend wirkt, würde sie die Frequenzstellen beeinflussen, welche im Fokus der Untersuchungen stehen.

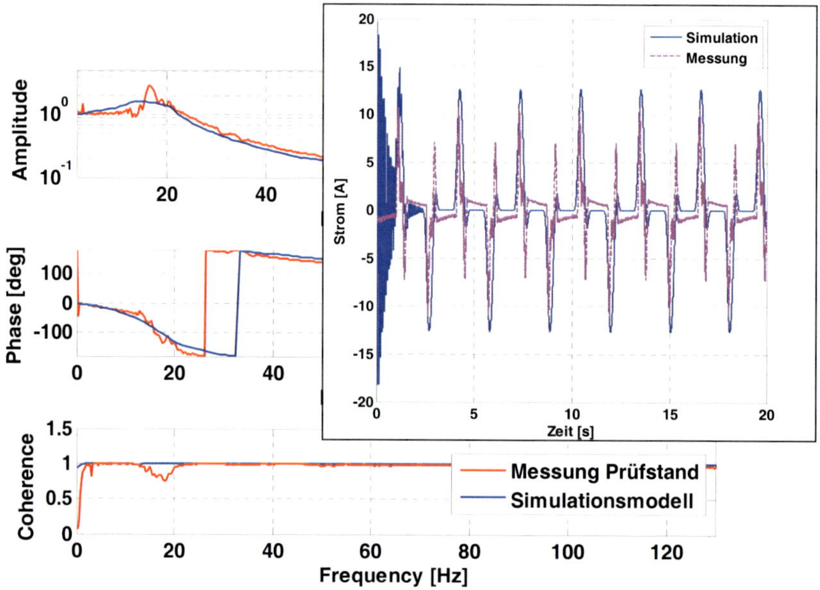

Bild 6.3: Verifikation des Prüfstandsmodells mittels Frequenzgang und Motorstrommessung

Verification of test bench model with transfer function and motor current measurement

6.1.2 Bearbeitungszentrum DBF 630

Machining Center DBF 630

Das Bearbeitungszentrum DBF 630 (DBF - Drehen, Bohren und Fräsen) der Firma DS Technologie [DST10] ist als kartesische Kinematik in Fahrständerbauweise konstruiert. Die technischen Daten können Tabelle 6.1 entnommen werden.

Als Z-Achse wird der zu bewegende Maschinentisch bezeichnet. Diese ist die einzige Achse, welche außer dem Werkstück und einer Drehachse keine weiteren Komponenten trägt. Die Drehachse ist dabei kompakt in die Achsaufbauten integriert und bietet somit wenige Möglichkeiten, eigene Maschinenschwingungen zu entwickeln. Durch die Konstruktion des Bearbeitungszentrums ist die horizontale X-Achse als unterste Achse im Fahrständer festgelegt. Die vertikale Y-Achse und evtl. weitere Zusatzachsen werden bauartbedingt durch die X-Achse bewegt. Aus diesem Grund ist die X-Achse maßgeblich für die erreichbare Dynamik. Die erreichbaren Reglereinstellungen orientieren sich an dieser Dynamik, wobei aber jede Maschinenachse eine separate Regelung besitzt. Durch die Fahrständerbauweise ist die X-Achse nicht durch äußere Einflüsse betroffen, welche beispielsweise durch ein schwankendes Werkstückgewicht entstehen. Somit stellt die Maschine ein ideales Untersuchungsobjekt dar.

Tabelle 6.1: Technische Daten - Bearbeitungszentrum DBF 630 [DST10]

X-Achse	850 / 1.250 mm
Y-Achse	700 / 1.000 mm
Z-Achse	800 / 1.000 mm
Tisch- / Palettengröße	630 x 630 / 800 x 800 mm
Planschieberweg	± 35 mm
max. Drehmoment	1.700 Nm
Drehzahl Bohren / Fräsen	3.500 min^{-1}
Drehzahl Drehen	500 – 1.200 min^{-1}
Antriebsleistung	35 kW

Weitere Produktdaten und Spezifikationen ergänzend zu Tabelle 6.1 können [DST10] entnommen werden. Für die prototypische Umsetzung eines Istwertfilters sind die X-, Y- und Z-Achse untersucht worden, welche jeweils einen KGT als Antriebssystem besitzen. Da ein Istwertfilter unabhängig von dem umgesetzten konstruktiven Aufbau eines KGTs betrachtet werden soll, wurden die Art und die Spezifikation des verbauten Antriebssystems nicht berücksichtigt. Die Untersuchungen beziehen sich auf das beeinflusste Verhalten und die damit entstehenden Eigenschaften. Die untersuchten Achsen dienen als Anwendungsbeispiel und Umsetzungsplattform eines Positionsistwertfilters. Die notwendigen Eigenschaften, welche durch die messtechnischen Untersuchungen in Kapitel 6 ermittelt wurden, können auf weitere Antriebssysteme mit ähnlichen Eigenschaften übertragen werden.

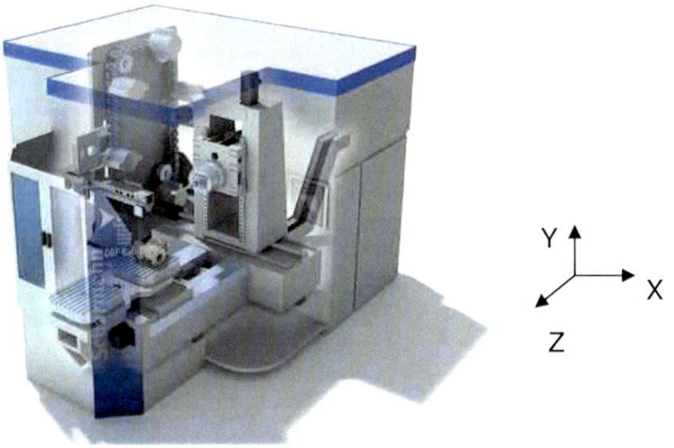

Bild 6.4: Bearbeitungszentrum DBF 630, DS Technologie [DST10]

Machining center DBF 630, DS Technologie [DST10]

Die Untersuchungsmaschine befindet sich am WZL der RWTH. Für die betrachteten Achsen stehen die Nachgiebigkeitsfrequenzgänge zur Verfügung. Da auf die Nachgiebigkeitsfrequenzgänge an verschiedenen Punkt der Arbeit Bezug genommen wird, sind sie im Anhang der Arbeit hinterlegt.

6.2 Einachsbetrieb mit Lageistwertfilter

Single axis with position filter

Für eine Einschätzung, welche Auswirkungen ein Istwertfilter auf einen Vorschubantrieb besitzt, wird der Prüfstand, welcher in Kapitel 6.1 vorgestellt ist, mit einem Istwertfilter ausgestattet. Anschließend werden die gesammelten Erfahrungen auf die X-Achse des Bearbeitungszentrums DBF 630 übertragen und ermöglichen dort die Bewertung des Filters.

6.2.1 Integration des Istwertfilters und Auswirkungen der mechanischen Eigenfrequenzen an einem KGT-Prüfstand

Integration of the position filter and effects of the mechanical resonant frequency on a ball screw feed drive

Der Antriebsprüfstand mit Kugelgewindetrieb bildet in den Untersuchungen und auch in dem angestrebten Anwendungsfall eine Ausnahme, da keine Eigenfrequenz sondern eine Aufstellschwingung des Vorschubantriebssystems betrachtet wird. Aus diesem Grund wird die Schwingung durch ein Anregungssignal signifikant erhöht, indem eine Anregung gewählt wird, welche die Frequenz über einen längeren Zeitraum direkt anregt gleichzeitig wurde die Lagereglerverstärkung angehoben. Dadurch kann eine Amplitudenüberhöhung geschaffen werden, welche für den Kugelgewindetrieb einen kritischen Betriebszustand schafft und für den zu untersuchenden Filter ein deutliches Anwendungsgebiet bereitstellt.

Beginnend mit der simulativen Betrachtung des Antriebssystems, wird anschließend Bezug zu dem realen Ergebnis genommen sowie die Erfahrungen und die Wirkungsweise diskutiert.

Die folgenden Versuche und Ergebnisse sind dementsprechend nicht im eigentlichen Einsatzgebiet eines Istwertfilters angesiedelt, sondern repräsentieren die Arbeitsweise und die Funktion eines Istwertfilters unter künstlich erzeugten, überhöhten Schwingungsbedingungen. Des Weiteren werden die Untersuchungen bewusst auf die Frequenz von 15 Hz ausgelegt und die Eigenfrequenz (ca. 96 Hz) vernachlässigt, indem das Anregungssignal in der Bandbreite begrenzt wird. Die Zielstellung der folgenden Versuchsreihen liegt in der ersten erfolgreichen Erprobung eines Positionsistwertfilters und dem Ermitteln von Systemgrenzen.

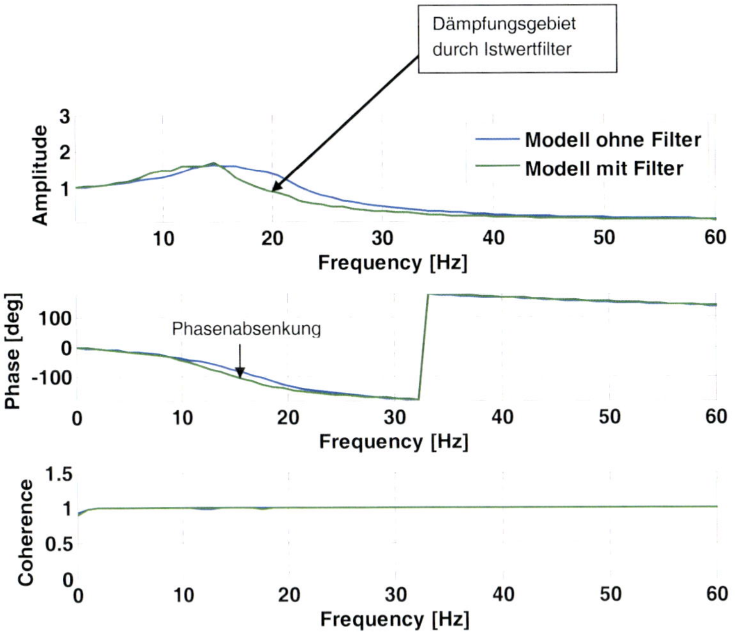

Bild 6.5: Simulation des Führungsfrequenzgangs des KGT Prüfstands mit und ohne Positionsistwertfilter

Simulation of the transfer function of the testbench with and without filter

In der Simulation sind die Amplitudenüberhöhungen weniger stark ausgeprägt als am realen Prüfstand. Dies liegt an den nicht exakt modellierten Nichtlinearitäten des KGT. Trotz dieser Einschränkung kann der Istwertfilter in seiner Funktion eingesetzt werden, da die Frequenzposition (15 Hz) nicht verändert wird. Bild 6.5 veranschaulicht die Ergebnisse. Der Amplitudenverlauf zeigt deutlich eine Verkleinerung der Schwingungsneigung, indem das Dämpfungsgebiet des Filters diese reduziert. Gleichzeitig entsteht durch die Grundfilterordnungen eine Welligkeit im Amplitudenverlauf, welche durch die diskutierten Problemstellungen der Subtraktion hervorgerufen werden.

Der Phasengang bestätigt die erwarteten Ergebnisse, da im Eingangsbereich der gewählten Filterbandbreite eine Phasenabsenkung entsteht. Die betrachtete Aufstellschwingung zeigt in der Filterauslegung, dass eine solche Strukturschwäche des Prüfstands nicht das Anwendungsfeld eines Istwertfilters sein sollte und vorzugsweise durch eine konstruktive Überarbeitung gelöst werden sollte. Im Falle einer Aufstellschwingung darf somit kein Istwertfilter eingesetzt werden, da die dämpfenden Eigenschaften der Positionsregelung entfallen. Dieses Resultat korrespondiert mit der Darstellung in Kapitel 5.8.

Erst durch eine Änderung der Filtercharakteristik kann ein positives Resultat erzielt werden, indem für den untersuchten Anwendungsfall eines ersten Prototyps des Istwertfilters eine andere Einsatzmöglichkeit generiert wird und der Filter zur Phasenanhebung genutzt wird (gemäß Punkt 5.5).

An dieser Stelle soll explizit auf ein Entwurfrisiko hingewiesen werden: Legt man den Grundfilter zu breitbandig aus, dann werden die Schwingungen an den Eckfrequenzen des Filterbereichs auf den Übertragungsfrequenzgang übertragen. Dies kann zu einer Verstärkung von niederfrequenten Signalen führen. In Bild 6.5 ist dies der Fall, indem im Bereich 10 Hz eine Überhöhung entsteht. Die Simulation erlaubt somit den Nachweis einer zu breitbandigen Filtergestaltung.

Ein Istwertfilter kann somit am Prüfstand nur ein positives Resultat zeigen, wenn die Auslegung auf ein phasenanhebendes Verhalten verändert wird. Um dies zu zeigten, war es notwendig die normiertige Reglerverstärkung auf Kv = 1,25 m/(min mm) abzusenken. Die dadurch entstehende Amplitudenabsenkung ist somit zu vernachlässigen und wird nicht diskutiert, um aber die Resultate vollständig abzubilden ist diese im Bild 6.6 mit dargestellt. Bild 6.6 zeigt das Resultat eines aufgenommenen Übertragungsfrequenzgangs des Kugelgewindetriebs.

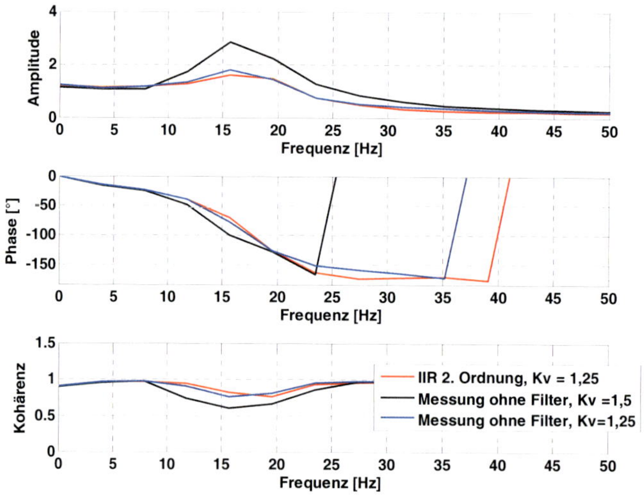

Bild 6.6: Messung des Führungsfrequenzgangs am realen Prüfstand mit und ohne Filter, normierter Kv in m/(min mm)

Measurement transfer function of the testbench with and without filter, normed Kv in m/(min mm)

Stellt man nun die Simulation und die realen Messreihen gegenüber, so wird deutlich, dass der Filterentwurf keine deutliche Reduktion der Amplitudenüberhöhung realisiert. Die veränderte Auslegungsstrategie auf ein phasenanhebendes Verhalten bedingt diese Eigenschaft. Der Phasenabfall im Eingangsbereich des Filters wird in den nicht kritischen Bereich von größer -90° verschoben, während die Phasenanhebung speziell im Filterausgangsbereich eine Erweiterung der Bandbreite zulässt, wiederum mit der Einschränkung, dass hier der Punkt -180° Phase betrachtet wird. Der genutzte Filter wurde mit den Eckfrequenzen von 10 Hz und 32 Hz entworfen und ist auf den Prüfstand angepasst.

Die Verbesserung der Frequenzgangs durch die Auslegungsänderung des Filters zeigt in der praktischen Anwendung nahezu keine Verbesserungen. Aus diesem Grund muss erneut darauf hingewiesen werden, dass Aufstellschwingungen vorzugsweise durch die konstruktive Überarbeitung der Vorschubachse zu beheben sind, da ein Positionsistwertfilter keine deutliche Optimierung leisten kann.

Das Ergebnis der Versuchsreihen am Antriebsprüfstand bestätigt die Erwartungen und es zeigt sich, dass die betrachteten Auslegungsfälle genutzt werden können (vgl. Kapitel 5.4). Zusätzlich ist davon auszugehen, dass der untersuchte Antriebsprüfstand von einer Erhöhung der Phasenreserve mehr profitiert, als von einer Dämpfung der Amplitudenüberhöhung. Erst eine messtechnisch herbeigeführte signifikante Ausprägung der Frequenz (15 Hz) erlaubt die Untersuchung der Dämpfungseigenschaften durch den Filter. Daher kann der Prüfstand nur den Anwendungsfall eines phasenanhebenden Verhaltens zeigen. Der reale Prüfstand konnte nur mit Filtern kleiner Ordnung betrieben werden und bestätigt somit die Ergebnisse aus Kapitel 5.

Durch die eingeschränkte Aussagekraft wurde das Versuchsspektrum reduziert, indem auf Verfahrversuche und die Betrachtung des dynamischen Positionsfehlers verzichtet wird.

6.2.2 Umsetzung eines Istwertfilters an der X-Achse der DBF 630

Realization of the position filter in the X-Axis of the DBF 630

Nach den gesammelten Erfahrungen mit dem Positionsistwertfilters am Antriebsprüfstand kann im nächsten Schritt das Bearbeitungszentrum DBF 630 mit zwei Filtern in der X- und Z-Achse ausgestattet werden. Die Steuerung der DBF 630 ist eine Sinumerik 840D SL. Aus diesem Grund sind verschiedene Steuerungsanpassungen notwendig. Speziell ist die Überwachung der Messsysteme so zu konfigurieren, dass der größtmögliche Abstand zwischen direktem Lagemesssystem und den für den Geschwindigkeitsregelkreis notwendigen Motorgebern parametriert wird. Die Sicherheitseinstellungen einer Maschinensteuerung beinhalten die Überwachung der Abweichungen zwischen Lage- und Motormesssystem. Um das Einmischverfahren anzuwenden, muss der zulässige Abstand vergrößert werden. Für die Inbetriebnahme des Einmischverfahrens wurden die Messsystemsignale aufgetrennt und die prototypische Hardware integriert. Mit diesen Anpassungen ist das Bearbeitungszentrum vollständig umgerüstet.

Für alle Versuche und Arbeiten mit dem Bearbeitungszentrum wird zusätzlich die Konvention getroffen, dass keine der betrachteten Achsen mit Vorsteuer- bzw. Aufschaltverfahren betrieben werden. Diese Konvention ist notwendig, da verschiedene Steuerungshersteller andere Umsetzungen der Verfahren oder eigene Modifikationen einsetzen. Da diese Arbeit aber den Anspruch erhebt, die Ergebnisse auch auf andere KGT-Achsen oder auf weitere Antriebssysteme zu übertragen und gleichzeitig als Grundlagenuntersuchung anzusehen ist, werden somit herstellerspezifische Regelungserweiterung ausgeschlossen.

Als Grundlage für die Filterverwendung muss zu Beginn die Achse an sich untersucht werden. Bild 6.7 veranschaulicht das Resultat der Frequenzgangmessung bei Variation des K_V-Faktors. Die X-Achse des Bearbeitungszentrums ist die begrenzende Achse für die Reglereinstellungen der Antriebssysteme in allen Achsen. Die erreichbare K_V-Faktor wird durch den Hersteller mit $K_v = 2{,}0$ m/(min mm) angegeben. Bei einer Erhöhung des Reglerwertes für die X-Achse entsteht ein schwingungsfähiges Verhalten.

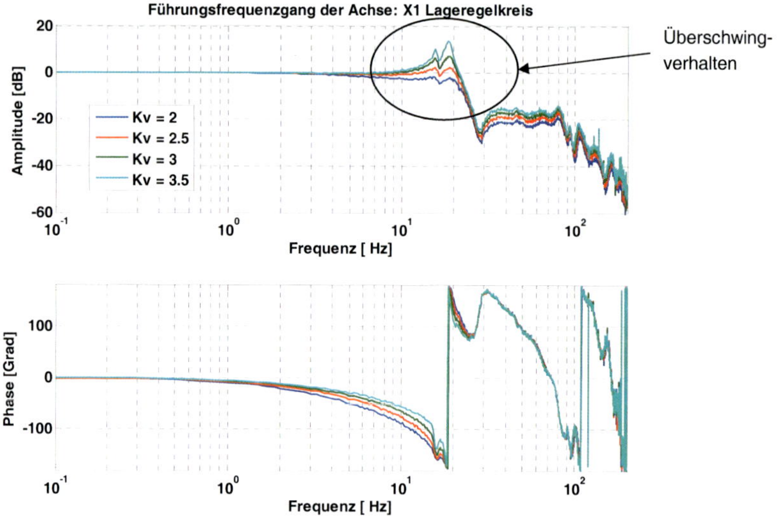

Bild 6.7: Führungsfrequenzgang der X-Achse, DBF 630, K_V in m/(min mm)

Transfer function of the X-Axis, DBF 630, K_V in m/(min mm)

Zusätzlich zeigt der Führungsfrequenzgang eine doppelte mechanische Resonanzstelle, welche die Bandbreite des Lageregelkreises begrenzt. Die Begrenzung ist speziell im Phasengang sichtbar, da dieser an der ersten Resonanzstelle einen deutlichen Einbruch erhält und somit die Phasenreserve aufbraucht. Die Begrenzung durch eine mechanische Resonanzstelle konnte mit Hilfe des ermittelten Nachgiebigkeitsverhaltens, das im Anhang 9.5 hinterlegt wurde, geklärt werden. Durch eine Variation der Reglerverstärkungen wird die Ausprägung der Resonanzüberhöhung sichtbar und die Vorschubachse ist mit einem $K_v = 2{,}5$ m/(min mm) nicht mehr optimal eingestellt. Somit bildet die X-Achse eine gute Plattform, um einen Istwertfilter einzusetzen, da die mechanische Eigenfrequenz und die durch die Regelung hervorgerufene Überhöhung im Frequenzband zusammenfallen. Der Istwertfilter kann mit einem Dämpfungsgebiet und einem Phasenanhebungsbereich eingesetzt werden.

Gleichzeitig ist aber mit einer Phasenabsenkung im Filtereingangsbereich zu rechnen.

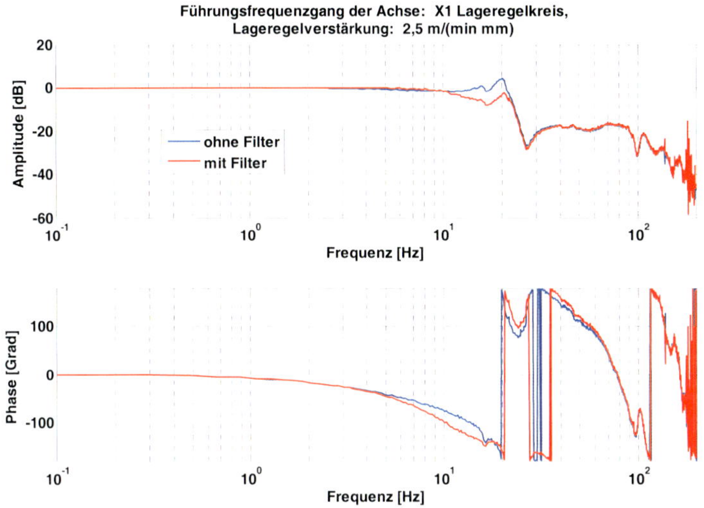

Bild 6.8: Führungsfrequenzgang der X-Achse mit und ohne Istwertfilter

Transfer function of the X-Axis with and without filter

Bild 6.8 zeigt ein gemessenes Ergebnis, welches mit einem IIR-Bandsperrfilter aufgenommen wurde und den Anwendungsfall einer Eigenfrequenzdämpfung illustriert. Als Filtereigenschaften ist zusätzlich zum Grundfilter mit einer Bandbreite von 20 Hz eine Filterverstärkung von $K_F = 60$ eingestellt. Das Beispiel zeigt deutlich die Funktionsweise eines Istwertfilters im Amplitudengang, indem die Überhöhung reduziert ist. Zusätzlich muss aber auch der Phasenverlauf betrachtet werden, da dieser speziell durch den Phasenabfall am Filtereingang die Bandbreite reduziert. Wenn man das Kriterium nutzt, dass bei Vorschubantrieben für Werkzeugmaschinen eine Phasenreserve von -90° erhalten bleiben soll, entstehen keine Vorteile für den Phasengang. Geht man in der Betrachtung auf den Stabilitätsrand von -180° ein, so ist festzustellen, dass dieser sich durch die phasenanhebenden Eigenschaften des Filters minimal in einen höheren Frequenzbereich verschiebt.

Somit konnte gezeigt werden, dass ein Istwertfilter den Führungsfrequenzgang des Vorschubantriebs positiv beeinflussen kann. Da für die Aufnahme des Frequenzgangs in Bild 6.8 aber die Messfunktionen der Maschinensteuerung genutzt wurden, welche sich auf den gesamten Regelkreis beziehen, wird in einem nachfolgenden Schritt nur ein Ausschnitt des Regelkreises betrachtet. Zu diesem Zweck werden die Messfunktionen des Einmischverfahrens benutzt. Des Weiteren ist die Anregungsfunktion als Rechtecksignal ausgeführt, das durch die Steuerung des Bearbeitungszentrums erzeugt wird. Zur Auswertung steht somit kein vollständiger, geschlossener Regelkreis zur Verfügung, sondern es wird mit einem Ausschnitt gearbeitet, der trotz eines in sich geschlossenen Kreises eine Analyse des mechanischen Verhaltens erlaubt. Es wird der Signalzweig vom Sollsignal bis zum direkten Messsystem ausgewertet, somit ist der Filter ausgeblendet im geschlossenen Regelkreis. Die Analyse erfolgt, indem die Signale in den Frequenzbereich transformiert werden und anschließend als Übertragungsfrequenzgang gegenübergestellt sind.

Der Grund, warum ein alternativer Weg zur Ermittlung des Übertragungsverhaltens gewählt wurde, liegt in der systembedingten Auswertung von manipulierten Signalen durch die Maschinensteuerung. Da das Einmischverfahren nicht die realen Positionsdaten an die Steuerung weiter reicht, kann die Steuerung nur die zuvor manipulierten Werte auswerten. Vor diesem Hintergrund ist es nötig, dass eine Auswertung der realen Maschinenbewegung vorgenommen wird. Erst der Messpunkt am Eingangsinterpolator des Einmischfilters vor der Filterung zeigt die Maschinenbewegung.

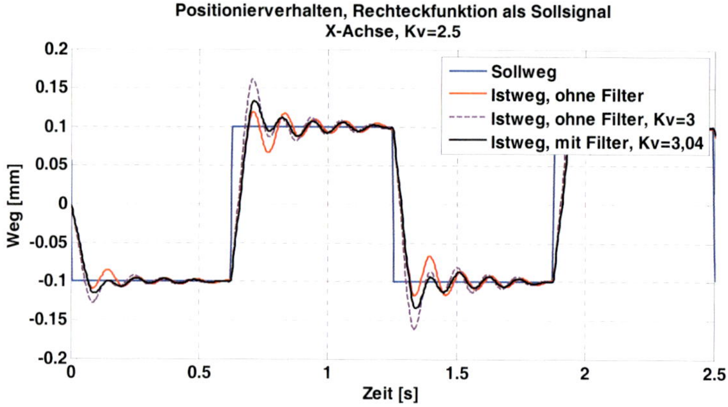

Bild 6.9: Folgeverhalten des KGTs mit Rechtecksignal als Sollweg, K_V in m/(min mm)

Behaviour of the feed drive with rectangular signal as reference, K_V in m/(min mm)

Bild 6.9 zeigt die Verfahrbewegung des Antriebssystems der X-Achse mit einem Rechtecksignal als Sollwertvorgabe. Es ist deutlich zu sehen, dass die Positionierbewegung ein Überschwingen entstehen lässt, welches im Normalbetrieb nicht zulässig ist. Um aber die Ergebnissen aus Kapitel 5 zu berücksichtigen, dass der entworfene Istwertfilter eine Eigenverstärkung besitzt, wurde in diesem Versuch der K_V-Faktor auf 2,5 m/(min mm) erhöht. Zusätzlich ist noch vergleichend ein K_V-Faktor von 3,0 m/(min mm) mit abgebildet. Betrachtet man nun die Schwingungsausprägung, so befindet sich die Systemantwort zwischen beiden Messwerten, da die Messkurve mit Filter ein erhöhtes Schwingungsverhalten aufweist. In Kapitel 6.3.2 wurde die sich ergebende Eigenverstärkung des Filters und der damit verbundene resultierende K_V-Faktor der X-Achse ermittelt. In Tabelle 6.2 ist die K_V-Änderung aufgezeigt.

Nutzt man in einem folgenden Schritt nun das Rechtecksignal und das am Einmischverfahren ermittelte Istwertsignal mit Filter als Ausgangswerte für einen Übertragungsfrequenzgang, so ergibt sich der in Bild 6.10 dargestellte Übertragungsfrequenzgang. Gleichzeitig wurde das Verhalten ohne Istwertfilter diesem gegenübergestellt jeweils mit K_V = 2,5 m/(min mm). Bei der Betrachtung des Phasengangs ist auch hier die Phasenabsenkung im Filtereingangsbereich (11 bis 16 Hz) und die Phasenanhebung im Dämpfungsbereich des Filters zu sehen. In der Gegenüberstellung des Amplitudengangs wird das Dämpfungsgebiet des Istwertfilters besonders deutlich. Gleichzeitig kann aber nicht bestätigt werden, dass die Amplitudenverstärkung im Ausgangsbereich des Filters sich signifikant im Amplitudenverlauf widerspiegelt (vgl. Kapitel 5.2). Der untergeordnete Geschwindigkeitsregelkreis ist somit in der Lage diese zu dämpfen.

Der Amplitudenverlauf unterscheidet sich weiterhin im Frequenzverlauf zwischen 3 und 12 Hz. Dieser Unterschied ist auf die Schwingungsausprägung (vgl. Bild 6.9) des Vorschubantriebs mit und ohne Filter zurückzuführen, indem der Filter eine verstärkende Wirkung besitzt. Dieser Zusammenhang wird im weiteren Verlauf der Arbeit separat diskutiert und soll in dieser Betrachtung vernachlässigt werden. Im Frequenzverlauf zwischen 3 und 12 Hz entsteht durch die Verwendung eines Rechtecksignals als Sollsignal aber gleichzeitig eine Fehlerquelle. Bei der Zerlegung in einzelne Schwingungen (Taylor-Reihe) sind die Einzelschwingungen in diesem Bereich kaum vertreten. So bietet das Rechtecksignal keine gesicherte Frequenzbasis für Frequenzen kleiner 12 Hz. Trotz der Einschränkung zeigt sich das verbesserte Verhalten im Frequenzbereich des Filters.

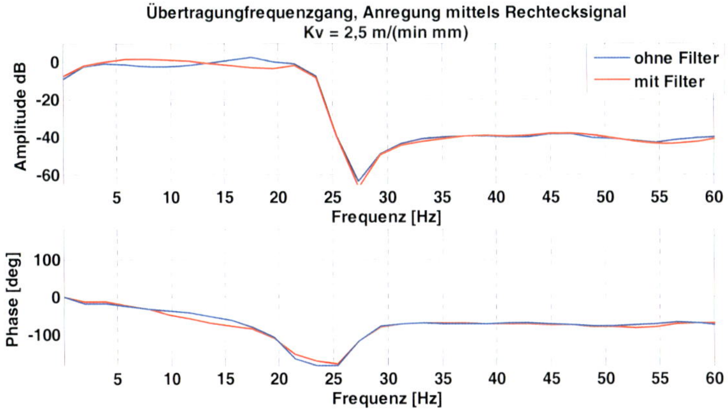

Bild 6.10: Übertragungsfrequenzgang ermittelt über Rechtecksignale

Transfer function calculate with rectangular signal

Um die realen Auswirkungen des Istwerfilters auf den Maschinentisch zu untersuchen, ist die Verwendung des Eingangsinterpolators unumgänglich. Aus diesem Grund werden im Folgenden die Messpunkte – Steuerung und Einmischverfahren (xPC) – unterschieden.

Da die Einschätzung des Übertragungsverhaltens mit Hilfe des Frequenzgangs nur bedingt aussagekräftig ist, wird eine zusätzliche Betrachtung eines Positioniervorgangs notwendig. Auch dieser wird exemplarisch mit einem K_V-Faktor von 2,5 m/(min mm) durchgeführt, um in der Gegenüberstellung auf die Filtereigenverstärkung Rücksicht zu nehmen. Durch diese Vorgehensweise entsteht ein Überschwingen, da die Achse nun schwingungsfähiges Verhalten erreicht.

In Bild 6.11 ist eine exemplarische Verfahrbewegung illustriert (oben) und zusätzlich der Bereich des Endpunktes vergrößert (unten). Somit kann das Positionierverhalten (mit erhöhtem K_V-Faktor) beurteilt werden. Es zeigt sich in erster Linie, dass die Filterverstärkung wie eine K_V-Faktorerhöhung wirkt. Somit können die Ergebnisse aus Kapitel 5 bestätigt werden, indem der Zielbereich um den Bewegungsendpunkt (< 30 µm) schneller erreicht wird. Ein analoges Verhalten entsteht, wenn der K_V-Faktor vergrößert wird. Um diesen Zusammenhang zu verdeutlichen, muss den Ergebnissen des Kapitel 6.3.2 vorgegriffen werden. Der K_V-Faktor der Vorschubachse in der dargestellten Verfahrbewegung ist 2,5 m/(min mm), welchem die Bewegung ohne Filter entspricht. Der entstehende K_V-Faktor der Vorschubachse mit Filter ist aber einem $K_V \approx 3{,}0$ m/(min mm) (gemäß Tabelle 6.2) anzusetzen. Aus diesem Grund entsteht eine größere Schwingungsneigung beim Erreichen des Endpunktes und die Kurven sind nur bedingt vergleichbar. Des Weiteren wird der Eingriff des Istwertfilters deutlich, wenn man die Kurven zwischen Eingangsinterpolator, Einmischverfahren (Messpunkt xPC) und der Steuerung vergleicht. In dieser Gegenüberstellung entsteht die schwingungsdämpfende Wirkung des Einmischfilters, trotz der abgebildeten Erhöhung im Überschwingverhalten.

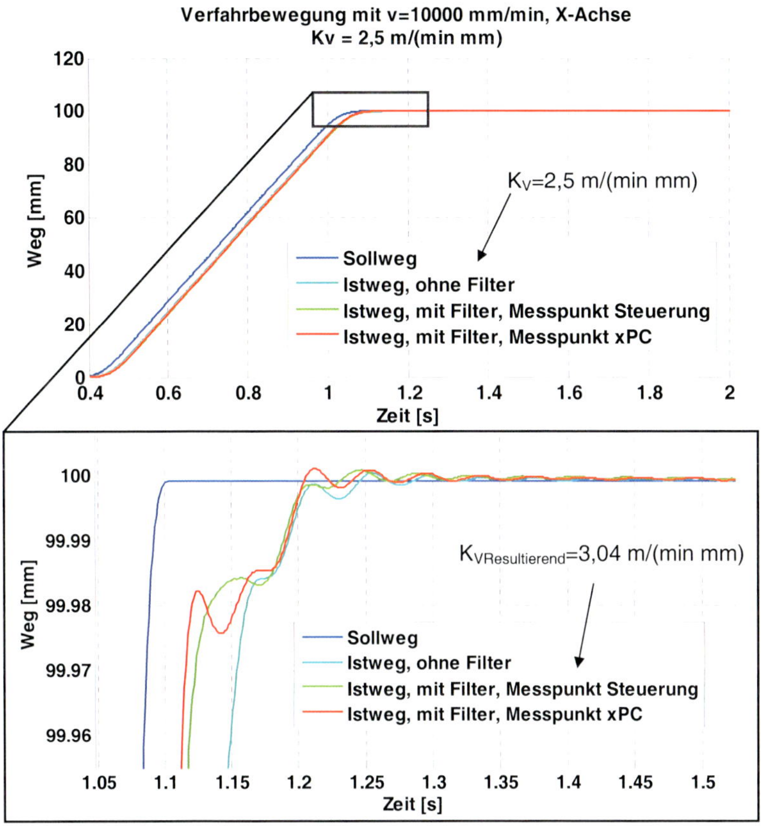

Bild 6.11: Verfahrbewegung der X-Achse mit und ohne Filter

Movement of the feed drive (X-Axis) with and without filter

Das hier abgebildete schnellere Erreichen des Positionssollwertes kann aber nicht als gleichzeitige Reduktion des Schleppfehlers gewertet werden, obwohl die Abbildung diesen Rückschluss zulässt. Der Schleppfehler bezieht sich auf die Konstantfahrt und darf nicht, wie in Bild 6.11 dargestellt, auf einen Beschleunigungsvorgang bezogen werden. Aus diesem Grund wurde der Schleppfehler des Positioniervorgangs separat ermittelt und ist in Bild 6.12 als Referenz dargestellt. Zusätzlich zu dem Schleppfehler mit und ohne Istwertfilter wurde auch der Schleppfehler der Achse ermittelt, wenn diese konventionell mit einem K_V-Faktor von 2,0 m/(min mm) betrieben wird (Einstellungen des Herstellers). Wichtig für die Analyse der Ergebnisse ist die vor Beginn der Versuche getroffene Konvention, dass weder eine Vorsteuerung, noch eine Führungsgrößenaufschaltung in der Maschinensteuerung aktiviert ist und eine große Geschwindigkeit erreicht wird. Aus diesem Grund entsteht ein entsprechend großer Schleppfehler.

Um die Lesbarkeit der ermittelten Ergebnisse zu verbessern, wurden zusätzlich die Schleppfehlerkurven zeitlich versetzt angeordnet. Mit dieser Hilfestellung kann festgestellt werden, dass der Schleppfehler durch die Erhöhung der Reglerwerte um 20 % reduziert werden konnte. Vergleicht man den Schleppfehler mit und ohne Filter, entsteht kein sichtbarer Unterschied, so dass diese als gleichwertig anzusehen sind. Dieses Ergebnis ist besonders bedeutend, da der Istwertfilter einen dynamischen Positionsfehler verursacht, welcher gegenüber der Größenordnung des Schleppfehlers absolut zu vernachlässigen ist.

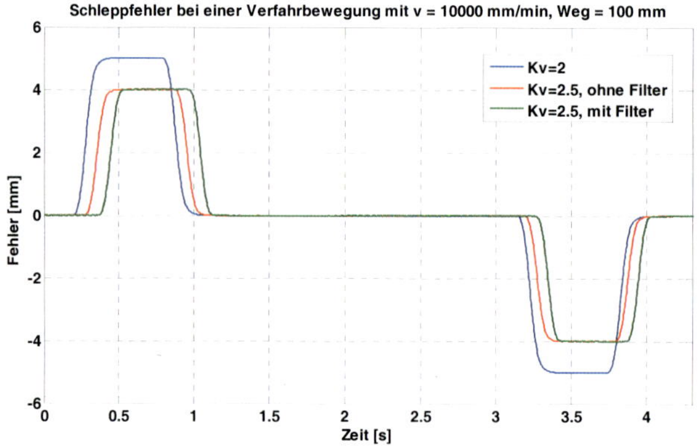

Bild 6.12: Schleppfehler der beispielhaft diskutierten Verfahrbewegung, K_V in m/(min mm)

Contouring error on the example movement, K_V with m/(min mm)

Somit kann die aufgestellte Theorie, dass in der Reduktion des Schleppfehlers durch den Istwertfilter der entstehende dynamische Positionsfehler vernachlässigt werden kann, bestätigt werden (vgl. Kapitel 4.7). Um aber die Ergebnisse der theoretischen Untersuchungen zur Reduktion des dynamischen Positionsfehlers zu bestätigen, werden in Kapitel 6.2.4 die Strategien gesondert betrachtet. Erst dadurch ist ein vollständige Untersuchung gewährleistet.

6.2.3 Analyse eines Istwertfilters an der Y- und Z-Achse der DBF 630

Analysis of the position filter in the Y- and Z-Axis of the DBF 630

Zur Untersuchung der Anwendbarkeit eines Istwertfilters an der Y- bzw. Z-Achse wird eine analoge Herangehensweise verfolgt. Zu Beginn werden die Achsen untersucht, wie sich der Übertragungsfrequenzgang bei einer Steigerung des K_V-Faktors verhält. Bild 6.13 veranschaulicht das Ergebnis für die Z-Achse. Dies zeigt deutlich, dass die Amplitudenüberhöhung durch die Regelung entsteht und erst das Überschreiten der 0-dB-Linie eine Begrenzung der Reglerwerte bildet. Im Gegensatz zur X-Achse ist die Z-Achse somit nicht als begrenzend für das Bearbeitungszentrum anzusehen. Schlussfolgernd muss gesagt werden, dass die Z-Achse keinen Istwertfilter benötigt, da erst ab einem Kv = 4 m/(min mm) die Achse schwingungsfähig wird. Ein analoges Verhalten liefert die Y-Achse.

Somit werden die Achsen nur als Zusatzachsen im Mehrachsbetrieb angesehen, in welche ein Istwertfilter als Kompensation der Signallaufzeit oder des K_V-Faktors (siehe Kapitel 5.5 und Kapitel 6.3) integriert ist, bzw. welche keinen Filter nutzt.

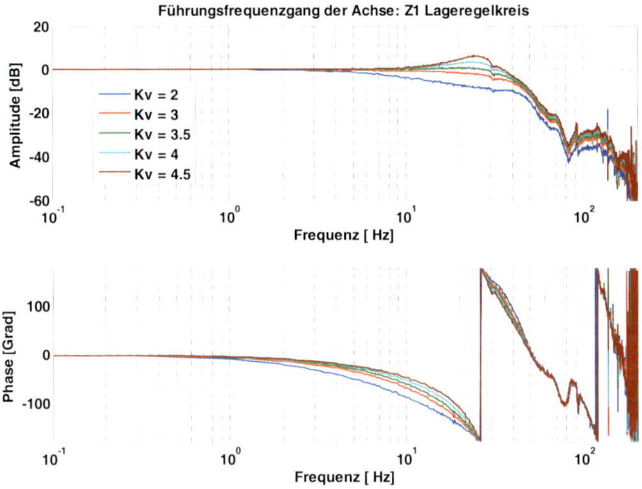

Bild 6.13: Führungsfrequenzgang der Z-Achse mit der Variation des K_v-Faktors {m/(min mm)}

Transfer function of the Z-Axis with variation of the K_v-Factor {m/(min mm)}

6.2.4 Betrachtung des dynamischen Positionsfehlers an der Z-Achse der DBF 630

Analysis of the dynamic position error at the Z-Axis of the DBF 630

Die Resultate der in Kapitel 6.2.2 vorgestellten Ergebnisse zeigen, dass der dynamische Positionsfehler, der durch den Istwertfilter entsteht, im Betrieb vernachlässigt werden kann. Diese Aussage ist zulässig, da der Schleppfehler der Vorschubachse durch den Istwertfilter und die damit verbundene Erhöhung der Reglerwerte signifikant reduziert werden können und die Reduktion des Schleppfehlers um den Faktor 10 größer ist als der dynamische Positionsfehler des Istwertfilters.

Vor diesem Hintergrund sollen im folgenden Kapitel die Auswirkungen betrachtet werden, wenn eine Kompensation des dynamischen Fehlers trotzdem eingesetzt wird. Dazu werden die Ergebnisse der Reduktionsstrategien (siehe Kapitel 4.7) berücksichtigt und an der Z-Achse des Bearbeitungszentrums untersucht.

Trotz des theoretischen Ausschlusses der dynamischen Positionsfehlerkompensation wird an dieser Stelle erstmalig der direkte messtechnische Beweis erbracht, welche Auswirkungen auf ein Vorschubsystem an Werkzeugmaschinen entstehen. Aus diesem Grund sind die folgenden Betrachtungen zwingend erforderlich.

Als Ergebnis der Reduktionsstrategien konnte festgehalten werden, dass lediglich eine proportionale Positionsfehlerrückführung als aussichtsreiche Strategie anzusehen ist. Darauf aufbauend wurde an der Z-Achse eine proportionale Kompensation der Maschine integriert und die Auswirkungen untersucht. Für eine zielgerichtete Analyse wurde der Grundfilter (Bandsperrfilter, IIR Butterworth, 4. Ordnung) in den Versuchen unverändert belassen und lediglich der Einfluss einer veränderten Filterverstärkung betrachtet. Bild 6.14 zeigt die Ergebnisse für die Z-Achse mit verschiedenen proportionalen Rückführungen.

Zwischen einer Rückführung mit Proportionalfaktor R = 20 und R = 1 wurde die Filterverstärkung von $K_F = 30$ auf $K_F = 80$ erhöht. Die Erhöhung geht mit den ermittelten Stabilitätseinflüssen einher, da eine verstärkte Kompensation die erreichbare Filterverstärkung limitiert. Somit entstehen zwei unterschiedliche Resultate, welche in der Ausprägung des entstehenden Dämpfungsgebietes deutlich werden. Ohne auf die Notwendigkeit bzw. die realisierte Qualität der Istwertfilterung einzugehen, ist der Fokus in der Abbildung auf die entstehende Überhöhung am Filtereingang zu setzen.

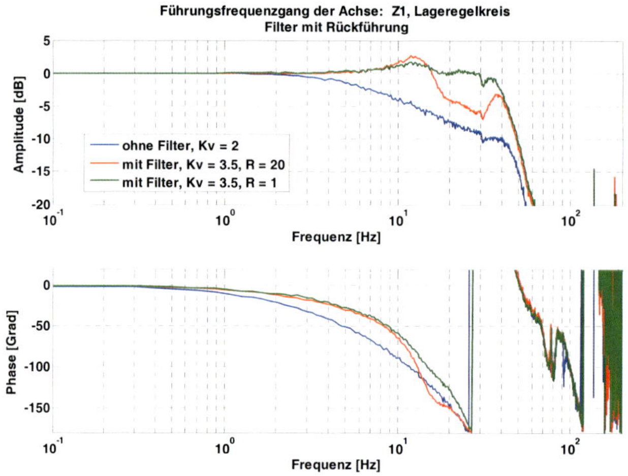

Bild 6.14: Führungsfrequenzgang der Z-Achse mit aktiver Fehlerkompensation, K_V in m/(min mm)

Transfer function of the Z-Axis with active error compensation, K_V in m/(min mm)

Durch diese Überhöhung muss die Kompensation des dynamischen Positionsfehlers in den untersuchten Variationen verworfen werden, da eine Resonanzüberhöhung durch den Istwertfilter (speziell im Eingangsbereich) ein zusätzliches Schwingungsgebiet realisiert. Die Höhe der Amplitudenüberhöhung wird durch die Größe der proportionalen Kompensation bestimmt und ist damit wiederum ein Ausschlusskriterium für eine Verwendung.

Mit diesem Ergebnis können die simulativen und mathematischen Betrachtungen einer Kompensation des dynamischen Positionsfehlers als bestätigt angesehen werden und es wird empfohlen, auf eine Kompensation zu verzichten.

Die Ergebnisse des Kapitels 6.2.2 zeigen, dass eine Kompensation nicht nötig ist, wenn man die Eigenverstärkung des Filters beachtet. Dieser Sachverhalt wird gesondert im Kapitel 6.3 betrachtet.

6.3 Mehrachsbetrieb mit Lageistwertfilter

Multi axes behavior with position filter

Eine Werkzeugmaschine wird erst dann sinnvoll einsetzbar, wenn das korrekte und synchronisierte Zusammenspiel aller Vorschubantriebe die gewünschte Kontur ergibt. Gemäß diesem Grundgedanken sind die Untersuchungen für einen Mehrachsbetrieb mit Lageistwertfilter existenziell und entscheiden über den industriellen Einsatz. Da aber nicht nur eine technische Effektivität für eine Anwendung entscheidend ist, sondern auch betriebswirtschaftliche Belange beachtet werden müssen, wird in diesem Kapitel gesondert darauf Rücksicht genommen.

In den bisherigen Untersuchungen konnte festgestellt werden, dass lediglich die X-Achse mit einem Istwertfilter ausgestattet sein müsste, um die Reglerwerte der gesamten Maschine zu erhöhen. Da die Istwertfilterung eine Eigenverstärkung und mögliche Signallaufzeiten besitzt, müssten alle Achsen mit einem Istwertfilter versehen werden, um ein konturgenaues Werkstück zu fertigen. Ist es aber möglich, die Eigenverstärkung bzw. die Signallaufzeiten zu kompensieren, benötigt nur die X-Achse einen Istwertfilter.

Um den Mehrachsbetrieb zu untersuchen, wurden am Beispiel der DBF 630 die X- und die Y-Achse mit einem identischen Einmischfilter ausgestattet. Dies ermöglicht eine Bewegung in der XY-Ebene mit Istwertfilter und somit die Betrachtung des Filterverhaltens im Mehrachsbetrieb.

6.3.1 Kreisformtest zur Charakterisierung des Mehrachsbetriebs

Circle test to characterize the multi axes behavior

Eine wissenschaftlich und technisch anerkannte Möglichkeit, die Verfahreigenschaften einer Werkzeugmaschine zu untersuchen, bildet der Kreisformtest. Die messtechnischen Grundlagen und Umgebungsbedingungen für den Kreisformtest legt [ISO230] fest und bilden den Rahmen für die Untersuchungen. Des Weiteren fließen die Erfahrungen und Anregungen aus [KnHr86] in die Messungen ein, welche eine praktische Anleitung darstellen. Für den Kreisformtest wurde ein taktiler Sensor (genannt Ballbar) von Renishaw (QC-10) verwendet [Reni10]. In der Auswertung wird von der standardisierten Darstellung abgewichen, da diese darauf ausgelegt ist, die Maschine im Umkehrspiel bzw. ihre Reibung [Kumm00] zu charakterisieren. Da diese Maschinenfehler in erster Näherung für die Untersuchung eines Istwertfilters als untergeordnet anzusehen sind, werden die Ergebnisse des Kreisformtests in Absolutkoordinaten dargestellt, d. h. es sind die real verfahrenen Kreise bezogen auf den Sollkreis abgebildet. Die Abfolge der Darstellungen (Bild 6.15 bis Bild 6.17) zeigt die qualitative Verbesserung des gefahrenen Kreises bezogen auf den Sollkreis, welche entsteht, wenn der K_V-Faktor erhöht wird. Als Ausgangspunkt der Untersuchungen wurde die Maschine in Bild 6.15 mit den Herstellereinstellungen, $K_V = 2{,}0$ m/(min mm), verfahren.

Gleichzeitig wird die Konvention getroffen, dass erneut keine Vorsteuerungs- bzw. Aufschaltverfahren aktiv sind. Um die Abweichungen vom Sollkreis absichtlich groß zu gestalten, wurden alle Kreise mit einer Geschwindigkeit von v = 10000 mm/min aufgenommen. Es entsteht somit eine alternative Darstellung gegenüber [ISO230], welche zwar verschiedene Eigenschaften (beispielsweise das Umkehrspiel) zeigt, diese aber mit den Fehleranalysen nur noch bedingt vergleichbar sind. Im betrachteten Beispiel (Bild 6.15) entsteht eine Radiusabweichung von 70 µm zum Sollkreis bei einem Winkel von 30°. Bild 6.15 ist als Referenz zu betrachten, welche den Inbetriebnahmezustand durch den Hersteller (mit abgeschalteten Vorsteuerung und Aufschaltungsverfahren) darstellt.

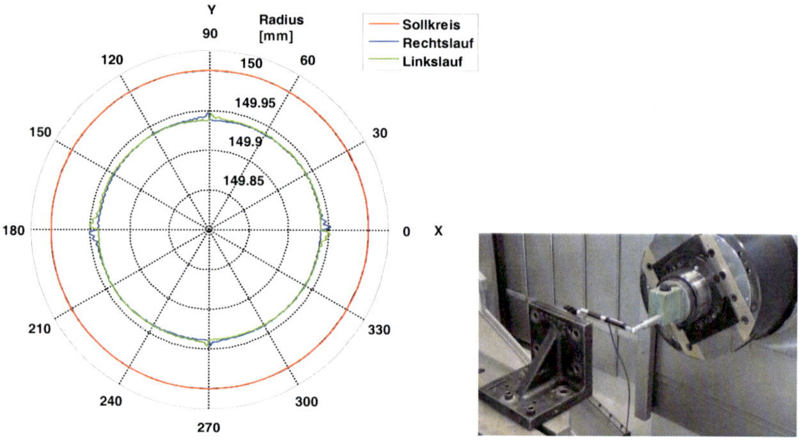

Bild 6.15: Kreisformtest zur qualitativen Einschätzung ohne Istwertfilter

Circle test as benchmark without filter

Um zu verdeutlichen, in welchem Maße ein gesteigerter K_V-Faktor das Ergebnis verbessern kann, wird die Filterstruktur, welche in Bild 6.8 vorgestellt wurde, erneut eingestellt und gleichzeitig der K_V-Faktor auf 2,5 m/(min mm) erhöht. Somit ist eine Verbesserung der Radiusabweichung von 50 µm zu erreichen. (Für die Abbildung ist die Y-Achse mit einem identischen Filter bestückt. Der Hintergrund wird in den folgenden Abschnitten erläutert.)

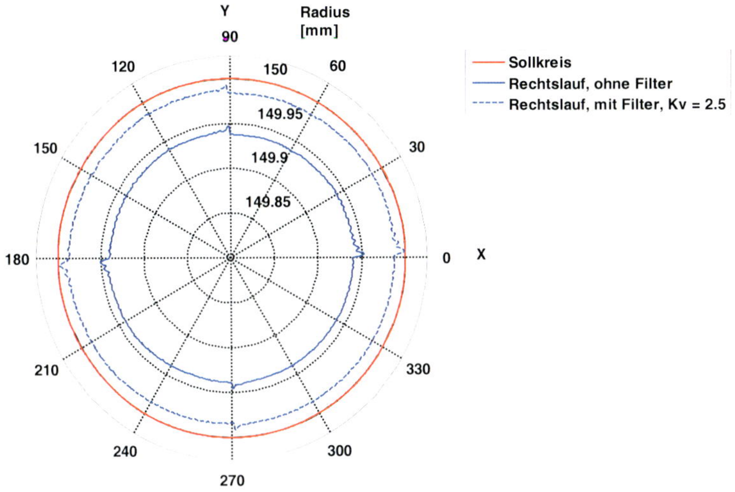

Bild 6.16: Kreisformtest mit Istwertfilter in der Gegenüberstellung, K_V in m/(min mm)

Circle test with and without shifting filter, K_V in m/(min mm)

Diesen Sachverhalt illustriert Bild 6.16. Anhand der verkleinerten Radiusabweichung zeigt sich deutlich das Potenzial, welches durch einen Istwertfilter erschlossen werden kann. In der Darstellung und in allen Messungen wurde die Empfehlung berücksichtig, einen Sicherheitsfaktor von 2 in den Verstärkungsfaktor des Filters (K_F) zu integrieren, sodass immer ein stabiles Verhalten des Regelkreises gewährleistet ist. Da es sich in dieser Arbeit um eine Anwendungscharakterisierung handelt, kann an dieser Stelle nicht die erreichbare Performance abgeschätzt werden, welche eine fallabhängige Betrachtung erfordert.

Des Weiteren wird erneut ersichtlich, dass die systematischen Fehler der XY-Ebene unberührt bleiben, d. h. die auftretenden Nichtlinearitäten (z. B. Umkehrspiel) werden nicht beeinflusst.

Anhand des gezeigten Beispiels für die gesteigerte Dynamik der Antriebssysteme muss im Folgenden auf die Wirtschaftlichkeit eines Istwertfilters eingegangen werden. Ausgehend von der Umsetzung des in Bild 6.8 gezeigten Beispiels wurde die Y-Achse mit einem identischen Filter bestückt, so dass sich die Filterverstärkung angleicht und mögliche Signallaufzeiten kompensiert werden. Wie erwartet ergibt sich ein Kreis mit dem Nachteil, dass nun die Y-Achse einen zusätzlichen Filter benötigt (Bild 6.16). Dies muss als Nachteil gewertet werden, da der Filter für die X-Achse ausgelegt ist und dementsprechend die Y-Achse in der Dynamik eingeschränkt werden kann. Gleichzeitig addieren sich die Anschaffungskosten für ein Positionsistwertfilter in der Y-Achse auf den Maschinenpreis.

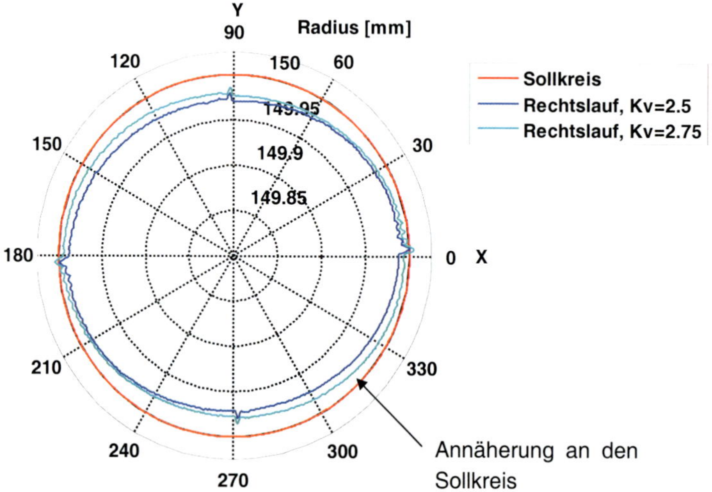

Bild 6.17: Kreisformtest mit Istwertfilter in X-Achse, Y-Achse ohne Filter

Circle test with shifting filter (X-Axis) and without into the Y-Axis

Betreibt man lediglich die X-Achse mit einem Filter, so ist festzustellen, dass der Kreisformtest zwei elliptische Kurven aufweist, welche eine Phasenverschiebung von 90° aufweisen. Das entstehende Bild ist ein charakteristisches Merkmal für die Verwendung von unterschiedlichen K_V-Faktoren in den Achsen [WeBr06]. Mit Hilfe dieser Diagnose wird nun in der Y-Achse, welche kein Filter beinhaltet, der K_V-Faktor variiert. Um die Phasenverschiebung zu kompensieren, muss ein K_V-Faktor von 3,04 m/(min mm) eingestellt werden, während die X-Achse weiterhin mit einem K_V = 2,5 m/(min mm) betrieben wird. Um das Resultat zu veranschaulichen, ist in Bild 6.17 das entstehende Kreisformtestergebnis abgebildet. Ein interessanter Aspekt, der im Folgenden diskutiert wird, ist die Anpassung des K_V-Faktors, die über den Lagereglerwert realisiert ist. Es zeigt sich, dass eine Diffenenz von 0,54 m/(min mm) entsteht. Dieser als groß anzusehende Wert ist somit nur auf die Eigenverstärkung des Filters zurückzuführen. Gleichzeitig ist aber eine Deformation des Istkreises um 15 µm festzustellen, wenn man vergleichend Bild 6.16 heranzieht. Die Ursache für die Deformation oder die Kreisabweichung ist in der messtechnischen Ermittlung des K_V-Faktors und der Kompensation von Signallaufzeiten durch die Veränderung des K_V-Faktors zu finden.

Es ist somit festzustellen, dass die Anpassung der Reglerwerte eine Möglichkeit darstellt, den wirtschaftlicheren und kostengünstigeren Weg zu beschreiten, und nur einen Istwertfilter in einer Mehrachsanordnung zu betreiben. Die vorgestellten Ergebnisse zeigen an diesem Punkt nur einen Lösungsweg auf, da für die Berechnung des K_V-Faktors nicht nur die Lagereglerverstärkung eine Rolle spielt, sondern auch der Wert des Geschwindigkeitsreglers [WeBr06]. In der Analyse der Istwertfiltereigenschaften wurde die Amplitudenverstärkung im Filterausgangsbereich diskutiert, sowie dass die verstärkenden Signalanteile erst im Geschwindigkeitsregler wirksam werden. An diesem Punkt wird eine Abstimmung des Geschwindigkeitsreglers notwendig, da die Veränderung im K_V-Faktor lediglich über die Anpassung der Lagereglerverstärkung realisiert wurde. Somit ergibt sich ein zusätzliches Potenzial, die entstandene Kreisdeformation (siehe Bild 6.17) über die Anpassung des Geschwindigkeitsreglers auszugleichen.

In den hier gezeigten Grundsatzuntersuchungen wird auf diesen Punkt verzichtet, da das Ziel, einen stabilen Istwertfilterprototyp zu entwerfen, an welchem die grundsätzlichen Erfahrungen im Betrieb charakterisiert werden sollen, den Rahmen der Arbeit überschreiten. Aus diesem Grund muss auf nachfolgende Arbeiten verwiesen werden, die den Grundgedanken einer Positionsistwertfilterung für Vorschubantriebe in Werkzeugmaschinen erneut aufgreifen.

6.3.2 Charakterisierung der Eigenverstärkung des Istwertfilters

Characterization of the reinforcement of the shifting filter

Um die Eigenverstärkung des Istwertfilters zu ermitteln, wird der Kreisformtest mit den vorgestellten Eigenschaften (siehe Kapitel 6.3.1) mit verschiedenen K_V-Einstellungen des Bearbeitungszentrums wiederholt. Als Grundeinstellung dient der K_V-Wert der X-Achse mit Istwertfilter, während der K_V-Faktor der Y-Achse entsprechend angepasst wird, um eine Angleichung der K_V-Werte zu erreichen.

Tabelle 6.2: Messtechnisch ermittelte K_V-Faktoranpassung bei Mehrachsbetrieb in m/(min mm)

	K_V X-Achse	K_{VF} Y-Achse	ΔK_V	K_V / K_{VF}
1	2,50	3,04	0,54	0,82
2	2,75	3,41	0,66	0,81
3	3,00	3,81	0,81	0,79
4	3,25	4,22	0,97	0,77

Tabelle 6.2 veranschaulicht das Ergebnis. Es wird deutlich, das kein linearer Zusammenhang besteht. Mit den gemessenen 4 Stützpunkten kann eine Funktion ermittelt werden, die die Regleranpassung in erster Näherung beschreibt. Da 4 Stützpunkte nur eine Stichprobe darstellen, soll im Folgenden betrachtet werden, ob ein Polynom erster bis dritter Ordnung die Regleranpassung beschreiben kann. Trotz des nichtlinearen Zusammenhangs wird ein Polynom erster Ordnung in die Betrachtung einbezogen, da dies eine einfache Möglichkeit der Abschätzung bietet. Beispielhaft wird die Differenzialgleichung für das Polynom dritter Ordnung vorgestellt:

Polynom 3. Ordnung: $$y = -0{,}0533x^3 + 0{,}64x^2 - 0{,}7767x + 1{,}815 \quad (6.1)$$

In der grafischen Betrachtung (vgl. Bild 6.18) der Polynome zeigt sich, dass sie nur in einem kleinen Bereich wirksam sind. Da aber der zu approximierende Bereich lediglich K_V-Faktoren von 2 bis 5 m/(min mm) erschließen soll, stellt das Polynom dritter Ordnung die qualitativ beste Lösung dar.

Die Beschreibung über ein Polynom bildet in der praktischen Anwendung aber einen entscheidenden Nachteil, da der Gültigkeitsbereich beachtet werden muss.

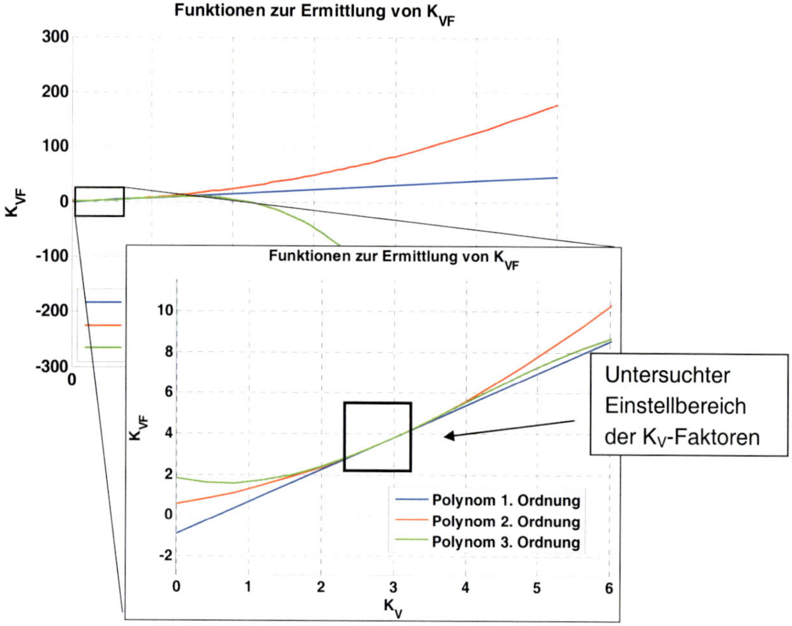

Bild 6.18: Graphische Darstellung der approximierten K_V-Polynome

Graphical description of the approximate K_V-Polynom

Es bleibt zu prüfen ob der vorgeschlagene Ansatz auf Filterklassen des Positionsistwertfilters erweiterbar ist. Die Untersuchung kann in der vorliegenden Arbeit aufgrund des Umfangs nicht realisiert werden. Zusätzlich sollte betrachtet werden, ob damit auch andere Antriebssystem mit KGT konfiguriert werden können.

Aktuell bleiben die Erkenntnisse auf das verwendete Filter und den genutzten Vorschubantrieb der DBF 630 beschränkt.

6.3.3 Herstellung eines Probewerkstücks und vergleichende Analyse der Fertigungsergebnisse

Manufacturing and analysis of a test work piece

Aufbauend auf allen Ergebnissen konnte ein funktionstüchtiger Prototyp eines Istwertfilters auf Basis des Einmischverfahrens entwickelt werden, der einen stabilen und sicheren Betrieb des Bearbeitungszentrums DBF 630 zulässt. Trotz der Einschränkung, dass ein Betrieb mit nur einer gefilterten Achse im Kreisformtest noch eine Kreisformabweichung von 15 µm aufweist, wurde ergänzend ein Probewerkstück gefertigt. Das Layout bzw. die CAD-Geometrie des Werkstücks ist in Bild 6.19 dargestellt und im Anhang als Konstruktionszeichnung hinterlegt. Zusätzlich zum eigentlichen Fertigungsprozess wurde das Werkstück so entworfen, dass die Bearbeitung nur in der XY-Ebene liegt, da diese Antriebssysteme gleichzeitig mit einem Istwertfilter bestückt werden konnten. Die Z-Achse bleibt ohne Filter und wird nur für die Zustellbewegung benutzt. Die Form des Werkstücks orientiert sich an den Fehlerkriterien, welche bei einem Kreisformtest entstehen, und beinhaltet ein zylindrisches Segment in der Mitte. Des Weiteren wird eine Tasche gefertigt (Tiefe 5 mm), welche eine Schräge im 45° Winkel zu den Achsen und gerade Außenkanten beinhaltet, die im Satzwechsel des NC-Programms verschiedene Beschleunigungen und Abbremsbewegungen der X- bzw. Y-Achse erfordern.

Es werden 3 Werkstücke gefertigt. Werkstück 1 wird mit den Herstellereinstellungen produziert. Bei Werkstück 2 ist nur die X-Achse mit einem Istwertfilter bestückt und der K_V-Faktor auf 2,5 m/(min mm) erhöht. Diese Einstellung erfordert laut Kapitel 6.3.2 einen K_V-Faktor von 3,04 m/(min mm) in der Y-Achse. Der Filter ist auf die X-Achse entsprechend dem Bild 6.8 ausgelegt. Werkstück 3 wird mit zwei identischen Filtern in der X- und Y-Achse gefertigt, wobei die Filter analog Werkstück 2 gewählt werden. Werkstück 1 dient in der Produktion stets als Referenz. Somit erfolgt die Beurteilung der Werkstücke immer in Bezug auf Werkstück 1.

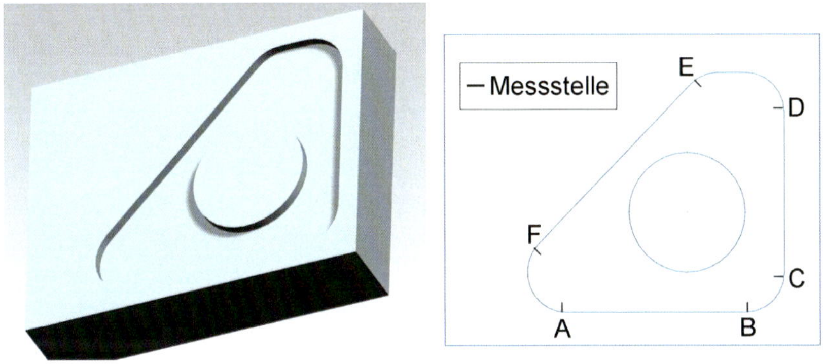

Bild 6.19: Probewerkstück und Prinzipskizze der Vermessungspunkte

Work piece layout and structure of measurement position

Es wurden wiederholt keine Vorsteuer- bzw. Aufschaltverfahren aktiviert. Die Auswertung erfolgt durch zwei unterschiedliche Verfahren.

Messverfahren Messung A:

Das Werkstück wird mit einer Koordinatenmessmaschine der Firma Zeiss taktil vermessen, indem die Geradheit der schrägen Taschenseite ermittelt und statistisch ausgewertet wird. Mit der gleichen Messmethode kann die Kreisformabweichung des in der Mitte stehenden Zylinders vermessen und erneut statistisch auf das Werkstück 1 bezogen ausgewertet werden.

Messverfahren Messung B:

Um die Beschleunigungs- bzw. Bremsvorgänge und den Satzübergang zu beurteilen, werden mittels eines Rauheitsmessgerätes die Übergänge an den Punkten A bis F (siehe Bild 6.19) vermessen und statistisch ausgewertet.

Durch die Messmethoden und Messverfahren ist es möglich, eine qualitative Aussage über die erreichte Genauigkeit zu treffen. Erst mit einer entsprechenden Genauigkeit kann auch ein gutes Produktionsergebnis erreicht werden.

Für die Messung im Messverfahren A (siehe Tabelle 6.3) wird der Sollkreis herangezogen, auf dessen Basis der entstehende Istkreis ermittelt wird. Den Istdurchmesser geben die Werte Dx an. ΔD_{sollx} zeigt die Abweichung zum Sollkreis. Um einen Rückschluss auf die Kreisdeformationen zu generieren, sind die maximalen Abweichungen vom gemessenen Istkreis unter A_{max} und A_{min} zusammengefasst. Ein weiteres wichtiges Indiz für das Bearbeitungsergebnis zeigt die Streuung der Messwerte bezüglich des Istkreises.

Beginnend mit der Auswertung der unter Messverfahren A vorgestellten berührenden Vermessung des Zylinders zeigen die Ergebnisse (Tabelle 6.3), dass mit einer gesteigerten Dynamik in Werkstück 3 die geforderte Genauigkeit erreicht wird. Dies veranschaulicht besonders die nahezu identische Streuung und die Annäherung an den Sollradius. Wie erwartet nach den Kreisformtests entsteht keine Verbesserung in der Bearbeitungsgenauigkeit bei Werkstück 2. Im Messprotokoll kann wiederholt eine Kreisdeformation detektiert werden. Um die Messergebnisse zu veranschaulichen, ist die grafische Darstellung der Kreisformmessung und der Geradheitsmessung für Werkstück 3 im Anhang hinterlegt.

Die Messung der Geradheit ist relativ zu einer fixierten Gerade in der Messebene zu betrachten. Für diese Bezugsgerade werden die Maximalabweichungen der Messung und die Streuung ermittelt. Trotz der größten maximal auftretenden Fehler zeigt die Streuung, dass die geforderten Genauigkeiten eingehalten werden können.

Tabelle 6.3: Rundheitsmessung des Zylinders

	Werkstück 1	Werkstück 2	Werkstück 3
Dx [mm]	59,9559	59,9459	59,9588
ΔD_{sollx} [mm]	0,0441	0,0541	0,0412
A_{max} [mm]	0,0067	0,0046	0,0077
A_{min} [mm]	-0,008	-0,0065	-0,0087
Streuung [mm]	0,0018	0,0018	0,0016
M_U	1859	1875	1854

Tabelle 6.4: Geradheitsmessung der 45° Schräge

	Werkstück 1	Werkstück 2	Werkstück 3
B_{max} [mm]	0,0125	0,0136	0,0134
B_{min} [mm]	0,002	0,000	0,001
Streuung [mm]	0,0042	0,0052	0,0037
M_U	970	954	967

Mit dem Positionsistwertfilter wurde die geforderte Genauigkeit nachgewiesen. Um dies zu untermauern, wird die Vermessung auf Messverfahren B ausgeweitet und die Satzübergänge gezielt betrachtet. An den Satzübergängen zeigt sich ein charakteristisches Bild im Werkstück. Dieses wird in Bild 6.20 anhand des Werkstücks 1, Messstelle A vorgestellt. Es entsteht ein zusätzlicher Materialabtrag, welcher in der entstandenen Breite und Tiefe charakterisierbar ist. Es ist zu beachten, dass für die Versuche keine Vorsteuer- oder Aufschaltverfahren aktiv waren.

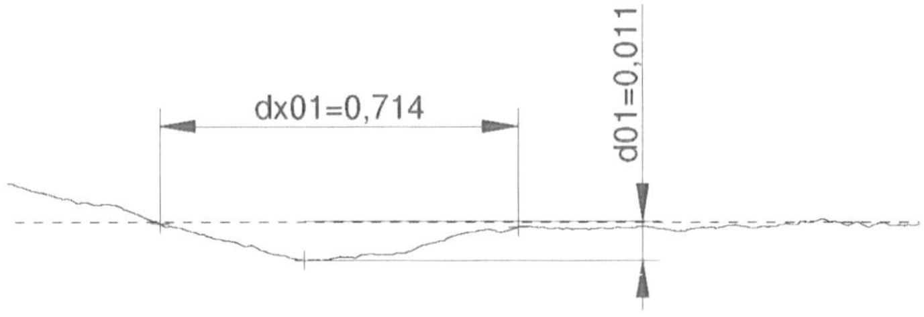

Bild 6.20: Veranschaulichung der Messpunkte an Messstelle A, [mm]

Detail of measurement position A, [mm]

Um die Ausprägung des Materialabtrags an den Satzübergängen zu verdeutlichen werden die Messstellen zusätzlich in Bild 6.21 dargestellt.

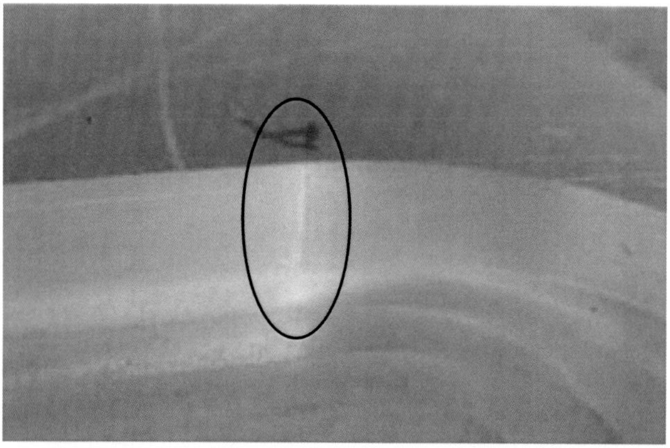

Probebauteil 1,

Messstelle A

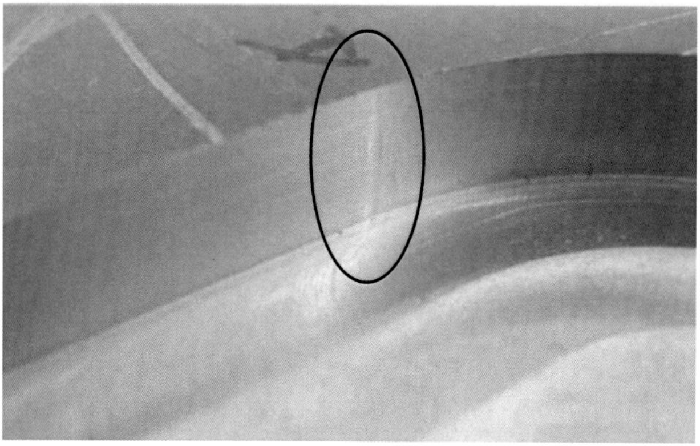

Probebauteil 2,

Messstelle A

Bild 6.21: Messstelle A, Probebauteil 1 und 2

Measurement position A, work piece 1 and 2

In der Betrachtung der Breitenwerte (vgl. Bild 6.20, Maß „dx01“) entsteht ein verändertes Bild, da die Standardabweichung (SD, Gleichung 6.2) des Werkstücks 2 signifikant größer ist als die der anderen Werkstücke (siede Tabelle 6.5). An diesem Punkt wird deutlich, dass der Einsatz eines einzelnen Istwertfilters in einem Achsverbund zurzeit nur eine theoretische Option darstellt, da dies aktuell noch nicht hinreichend untersucht ist, ob eine vollständige Kompensation der Kreisdeformation möglich ist. Im Gegensatz dazu liefert das Werkstück 3, in welchem X- und Y-Achse mit einem Istwertfilter ausgestattet sind, ein qualitativ verbessertes Ergebnis. Die Fehler in den Satzübergängen konnten bis zu 30% reduziert werden.

Tabelle 6.5: Breitenmessung des Probebauteils

Messstelle	Werkstück 1	Werkstück 2	Werkstück 3
A [mm]	0,714	0,5	0,467
B [mm]	0,694	0,539	0,507
C [mm]	0,687	0,516	0,51
D [mm]	0,526	0,571	0,593
E [mm]	0,756	0,672	0,676
F [mm]	0,654	0,998	0,622
Mittelwert [mm]	0,672	0,6327	0,5625
SD [mm]	0,0052	0,0298	0,0054
MIN [mm]	0,526	0,5	0,467
MAX [mm]	0,756	0,998	0,676
Ra [mm]	0,230	0,498	0,209

- Durchschnittliche Streuung um den Mittelwert (Standardabweichung):

$$SD = \sqrt{\frac{\sum (Xi - \overline{X})^2}{N-1}}; \qquad (6.2)$$

N= Anzahl der Messungen, Xi = Messstelle an der i-ten Stelle, $\overline{X}$ = Mittelwert

- Spannweite der Werte (Range):

$$Ra = Max - Min; \qquad (6.3)$$

Ra = Differenz des höchsten und niedrigsten Wertes

Ein anderes Verhalten ist bei der Gegenüberstellung der Tiefenwerte ersichtlich. Um das Ergebnis zu veranschaulichen, sind in den Bildern Bild 6.22 und Bild 6.23 die Tiefen- und Breitenwerte aller Probewerkstücke gegenübergestellt. Zur Verdeutlichung der Ergebnisse sind die einzelnen Messpunkte mit Linien verbunden. Dadurch werden die Qualitätsdifferenzen deutlicher hervorgehoben. Die statistische Auswertung der Tiefenwerte ist im Anhang 9.4 hinterlegt. Die Tiefenwerte verbessern sich nur minimal. Werkstück 2 zeigt erneut, dass die erreichbare Genauigkeit noch nicht gegeben ist. Mit diesem Hintergrund entsteht das erwartete Bild, dass die Verbesserungen nur in einer Achse zu erwarten sind, da der Filter nur in der X-Achse integriert wird.

Die minimalen Verbesserungen der Tiefenwerte bei Werkstück 3 erlauben den Rückschluss, dass das Verhalten der Y-Achse durch den zusätzlichen verbauten Istwertfilter nicht beeinträchtigt wird.

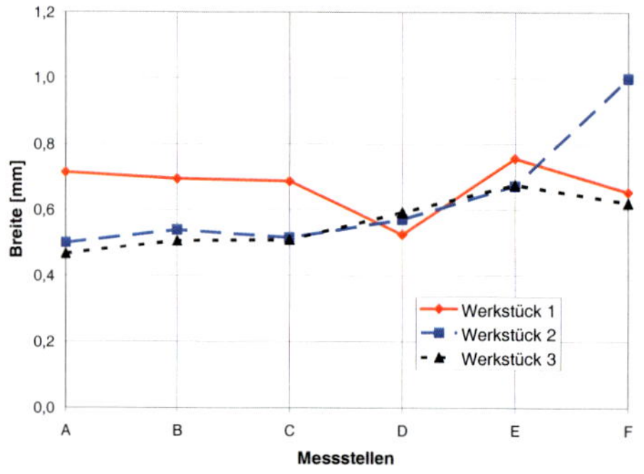

Bild 6.22: Vergleich der entstehenden Breitenwerte über die gefertigten Werkstücke

Comparison of the wide marks into the test work piece

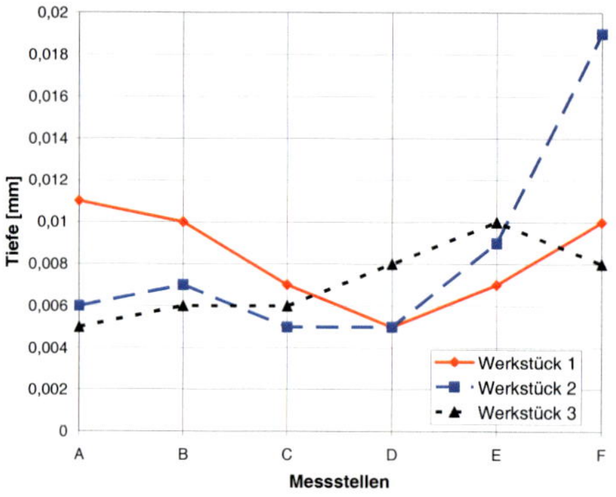

Bild 6.23: Vergleich der entstehenden Tiefenwerte über die gefertigten Werkstücke

Comparison of the deep marks into the test work piece

Fazit:

Mit der Produktion von unterschiedlichen Probewerkstücken konnte gezeigt werden, dass der entworfene Prototyp eines Istwertfilters nicht nur stabil in ein Bearbeitungszentrum integriert werden und damit zusätzlich die Dynamik eines KGTs steigern kann, sondern auch, dass die Integration in alle Maschinenachsen sich positiv auf die Fertigungsqualität auswirkt. Speziell ist dies in der Breitenmessung am Satzübergang zu beobachten. Wird nur eine Achse mit einem Istwertfilter ausgestattet, kann die Fertigungsqualität einer konventionell eingestellten Maschine noch nicht erreicht werden.

Vor diesem Hintergrund bestätigen sich die Ergebnisse, dass eine Istwertfilterung verschiedene Vorteile für den Betrieb eines Antriebssystems mit KGT besitzt. Zusätzlich ist noch anzumerken, dass die verschiedenen Probewerkstücke ohne eine

Kompensation des dynamischen Positionsfehlers angefertigt wurden. Anhand der ermittelten Ergebnisse ist somit der Nutzen dieser Kompensation infrage gestellt und sollte im Anwendungsfall entschieden werden. In keinem Messwert bzw. Messpunkt konnte eine negative Auswirkung des dynamischen Positionsfehlers ermittelt werden. Durch dieses Ergebnis werden die Versuchsergebnisse des Kapitels 6.2.2 bestätigt, dass eine Kompensation nicht notwendig ist, wenn der Fehler in Bezug auf die Reduktion des Schleppfehlers vernachlässigt werden kann.

Mit der erfolgreichen Umsetzung eines Istwertfilters und den erfolgten Untersuchungen zu den Auswirkungen auf verschiedene KGT kann die Grundidee bestätigt werden, dass ein Vorschubantrieb dynamischer eingestellt werden kann, wenn die Regelungsstruktur eine Schwingungsüberhöhung (Resonanz- bzw. Regelungsschwingung) nicht zusätzlich mit Energie versorgt. Dies ist möglich, indem dem Lageregler durch eine Dämpfung der Signalanteile die Information über die Schwingung entzogen wird.

Speziell wurde dies mit einem steuerungsexternen Filter erreicht. Da in dieser Arbeit die mathematischen Grundlagen erarbeitet sind, besteht die Möglichkeit, in einem weiteren Entwicklungsschritt einen steuerungsinternen Filter zu entwerfen. Auch zu einem solchen Schritt hin versteht sich diese Arbeit als Grundlagenarbeit, in welcher Wege und Möglichkeiten aufgezeigt werden. An dieser Stelle muss aber nochmals betont werden, dass ein Istwertfilter nicht immer eine nutzbare Option darstellt, sondern nur in begrenzten Bereichen eingesetzt werden kann. Dies wurde in Grundzügen bereits in Kapitel 5.8 erörtert. Es konnte aber gezeigt werden, dass K_V-Faktorsteigungen bei gleich bleibender Genauigkeit von 25% möglich sind. Ein Istwertfilter stellt somit eine zusätzliche Option dar, welche an verschiedenen Bearbeitungszentren mit KGT eingesetzt werden kann, um in einen dynamischen Bereich des Antriebs zu gelangen, welcher im Bereich der Werkzeugmaschinen noch ungenutzt ist. Hierzu sind aber immer eine vorausgehende Eignungsprüfung und ein angepasster Filterentwurf notwendig.

7 Zusammenfassung und Ausblick

Summary and Outlook

In dieser Arbeit wird ein Verfahren zur steuerungsexternen Lageistwertfilterung von Vorschubantrieben mit Kugelgewindetrieb untersucht und bewertet. Mit der Untersuchung konnte gezeigt werden, dass eine Lageistwertfilterung verschiedene Vorteile für Vorschubantriebe bietet und dass die Istwertfilterung nicht nur auf die unterlagerten Regelkreise einer Kaskadenregelung beschränkt bleiben muss.

Im Stand der Technik werden die Anwendungsbereiche, welche heutzutage für den Einsatz von Filtern in Vorschubantrieben üblich sind, dargestellt und analysiert. Zusätzlich kann festgestellt werden, dass das Thema der Filterung und die vorgestellten Ansätze zur Verbesserung der Regelungsstruktur auch weiterhin aktuelles Thema im Forschungs- und Entwicklungsbereich sind. Der Überblick zeigt auch das breite Feld, in dem Filter in Antriebssystemen für Werkzeugmaschinen eingesetzt werden. Trotz der vielfältigen Einsatzbereiche von Filtersystemen oder von Ansätzen zur Schwingungsdämpfung bleibt ein Bereich des Antriebssystems ohne Modifikation: Die Lageistwertmessung.

Nach einer Bewertung der vorhandenen Möglichkeiten und der Ableitung der Aufgabenstellung der Arbeit in Kapitel 3 werden in Kapitel 4 die Eigenschaften des Einmischverfahrens untersucht. Es wird gezeigt, wie ein Filter mittels Einmischverfahren zu realisieren ist und welche Auswirkungen die Systemeigenschaften auf einen Filter haben. Mittels eines Simulationsmodells kann die Grundstruktur aus [MBH10] bestätigt werden. Gleichzeitig müssen aber die zur Verfügung stehenden Filtercharakteristiken auf ein Bandsperrverhalten eingeschränkt werden, da Alternativen wie beispielsweise eine Bandpasscharakteristik keine positiven Resultate lieferten. Es wurde durch die Istwertfilterung ein dynamischer Positionsfehler detektiert, welcher in den nachfolgenden Versuchsreihen als vernachlässigbar eingestuft wird, und es erfolgen Grundsatzuntersuchungen über die Filtercharakteristik des eingesetzten Grundfilters.

Kapitel 5 erläutert den sich ergebenden Istwertfilter. Es wird ein mathematischer Weg aufgezeigt, mit dem eine Berechnung eines Istwertfilters auf Basis des Einmischverfahrens realisierbar ist. Der Einmischfilter wird allgemeingültig in die Berechnung eines Vorschubantriebs integriert und erlaubt somit eine Stabilitätsanalyse des Gesamtsystems. Es konnte gezeigt werden, dass ein Vorschubsystem mit Lageistwertfilter stabil arbeitet. Zusätzlich sind in den Ergebnissen allgemeine Auslegungs- und Entwurfskriterien herausgearbeitet, die einen Entwurf eines Lageistwertfilters ermöglichen. Gleichzeitig werden in diesem Kontext aber auch die Grenzen einer Istwertfilterung für Vorschubantriebe von Werkzeugmaschinen diskutiert, da sich eine Istwertfilterung in einem zu kleinen Frequenzbereich nachteilig auf das Positionierverhalten auswirkt.

Mit den gesammelten Erfahrungen konnte der Istwertfilterprototyp an verschiedenen KGT-Achsen in Betrieb genommen und damit die Vorschubsysteme untersucht werden. An diesen KGT werden beide Auslegungsvarianten demonstriert. Die Ergebnisse zeigen die erreichbaren Dynamiksteigerungen auf und demonstrieren das Potenzial einer Lageistwertfilterung. Anhand eines Probewerkstücks wurde der Nachweis erbracht, dass trotz Istwertfilter keine Beeinflussung der Genauigkeit entsteht. Zusätzlich zu den getroffenen Verallgemeinerungen muss ein Lageistwertfilter immer auf die zu nutzende Maschinenachse angepasst werden. Ist dies erfolgt, kann der K_V-Faktor bedeutend erhöht werden.

Mit der Ausweitung der Erkenntnisse über eine Istwertfilterung entstanden vielfältige neue Fragestellungen, welche innerhalb dieser Arbeit nicht geklärt werden konnten. Eine mögliche Erweiterung des Istwertfilters besteht in der adaptiven Gestaltung, welche in Kapitel 5.7 diskutiert wird. Zusätzlich sind die Auswirkungen einer Istwertfilterung auf aktive Vorsteuer- und Aufschaltverfahren zu klären. Da der Fokus der Arbeit nicht auf die erreichbare Performance einer Istwertfilterung gelegt wurde, sondern die Zielstellung auf einen stabilen Prototyp ausgerichtet war, konnten nur wenige Leistungsgrenzen ermittelt werden. Aus diesem Grund wird keine gesicherte Aussage über die Leistungsfähigkeit des Istwertfilters getroffen. Dieser Punkt und die Diskussion im Kapitel 5.6 sollten in nachfolgenden Untersuchungen aufgegriffen und speziell betrachtet werden.

Weiterhin erlaubt das Einmischverfahren eine Umsetzung einer Filterung am Sensorkopf eines Längenmesssystems. Herstellern von Positionsmesssystemen bietet sich somit ein Ansatz, ihre Produkte nicht nur zu erweitern, sondern sie auch innovativer zu gestalten. Gleichzeitig ist aber auch die Verlagerung des Istwertfilters in ein Regelungsmodul der NC-Steuerung denkbar, wodurch sich nicht nur weitere Umsetzungsmöglichkeiten ergeben, sondern zusätzlich die Möglichkeit besteht, eine Realisierung ohne Einmischverfahren vorzunehmen.

Die Eigenschaft des Filters, eine Eigenverstärkung zu besitzen, sollte in der Definition des K_V-Faktors (vgl. [WeBr06]) Berücksichtigung finden, da die Geschwindigkeitsverstärkung des offenen Regelkreises nun nicht mehr mit dem geschlossenen Regelkreis gleichzusetzen ist, wie dies aus der Historie heraus betrachtet wurde.

Der interessanteste Punkt, welcher nachfolgend betrachtet werden sollte, ist die Erweiterung auf weitere Antriebssysteme. Ein Antriebssystem, welches für den Einsatz eines Istwertfilters interessant erscheint, ist ein Ritzel-Zahnstangen-System. Wie in [Hofm08] erläutert, besitzt das Ritzel-Zahnstangen-System eine Eigenfrequenz, die durch das Verspannmoment der Antriebe beeinflusst wird. Gerade diese Schwingungsneigung könnte mit einem Istwertfilter im Lagemesssystem vorteilhaft beeinflussbar sein.

Summary and Outlook

Within this thesis a method for filtering position values of feed drives with ball screw spindles is examined and evaluated. The research proved, that a position value filter entails several advantages for feed drives and that an actual value filter does not need to be limited to the subordinated feedback loops of a cascade control.

In the state of the art part the application areas, which are common nowadays for the use of filters in feed drives, were presented and analysed. Additionally, it can be stated, that the topic of filtering and the presented approaches to improve control structures still are a current topic in the area of R&D. The overview shows the main positions, where filters are integrated in feed drives. Despite many applications of filter systems, one area of the drive system is not touched: The actual position measurement.

After an evaluation of the existing options and a definition of the thesis' central task in chapter 3, the characteristics of the shifting method are examined in chapter 4. It is shown, how a filter can be realized with the shifting method and how the system characteristics affect this filter. By using a simulation model, the basic structure of [MBH10] can be confirmed. At the same time a band-stop filter characteristic was the only useful option, other filter characteristics, e.g. band-pass characteristic, showed no positive results. A dynamic position error has been detected, which is caused by the position value filtering and which is classified as neglectable during subsequent experiments. Finally, a basic analysis of the filter characteristic of the applied basic filter is carried out.

Chapter 5 describes the resulting actual value filter. A mathematical method is shown, which allows a calculation of an actual value filter on the basis of the shifting method. The actual value filter is universally integrated into the calculation of a feed drive and allows a stability analysis of the feed drive system with filter. It could be shown, that a feed drive system with actual value filter is working stably. In addition, general design criteria are worked out, that allow a draft of an actual value filter. At the same time the limitations of a position value filter for feed drives of machine tools are discussed in this context, since a position value filtering in a too small frequency range is disadvantageous to the positioning behaviour.

On the basis of the gained experiences an actual value filter could be put into operation on different axes with ball screw spindles and their feed systems were examined. At these KGT both design variants were demonstrated. The results show the achievable increase in the dynamic characteristics and demonstrate the potential of an actual position value filter. Based on a sample workpiece, it could be shown, that an actual position value filter had no influence on the accuracy of the machining process. In addition to the utilized generalizations an actual position value filter must always be adapted to the individual axis of the machine tool. If this is done, the K_V factor could be increased significantly.

By expanding the knowledge of a position value filter manifold new questions arose, which could not be answered within this thesis. One possible enhancement of the position value filter consists of the adaptive arrangement discussed in chapter 5.7. Additionally, the interferences of a position value filter with active feed forward control algorithms have to be clarified. Since the focus of this thesis has not been put on the achievable performance of a position value filter, but was directed towards a stable prototype, only a few performance limits could be determined. Accordingly, no affirmative statement of the actual value filter performance is made. This topic and the discussion in chapter 5.6 should be addressed in subsequent research projects.

At the same time the shifting method allows the implementation of a filter on the sensor head of a position measurement system. Thus, it offers a concept to manufacturers of position measurement systems to not only enhance their products but to also design them more innovatively. Concurrently, the integration of a position value filter into a control module of the NC-control would be possible, which not only results in further implementation possibilities but also offers the chance of an implementation without the shifting method.

The property of the filter to possess an amplifying characteristic, should be taken into account for the definition of the K_V-Factor (compare [WeBr06]), since the velocity amplification of the open control loop can no longer be substituted for the closed control loop, as it has been taught historically.

But the main point, which should be addressed in the future, is the extension to additional drive systems. An interesting drive system for the application of a position value filter is a pinion gear rack system. As is discussed in [Hofm08], a pinion gear rack system has an eigenfrequency, which is influenced by the tensioning of the drives. This oscillation tendency could very well be positively influenced by a position value filter.

8 Literaturverzeichnis

References

[AbBo06] Abel D.; Bollig A.: Rapid Control Prototyping / Methoden und Anwendungen, 1. Auflage, Springer, 2006

[AnHâ04] Andrén, L.; Håkansson, L.: Active Vibration Control of Boring Bar Vibrations, Blekinge Institute of Technology, Department of Signal Processing, Research Report No 2004:07, Sweden, 2004

[AREH09] Abele, E.; Roth, M.; Ehmann, C.; Haydn, M.: Aktiv gedämpfte Maschinenstruktur, Zeitschrift für wirtschaftliche Fertigung (ZWF), Jahrgang 104, Heft 9, S. 703-710, 2009

[Bein05] Beineke, S.: Integrierte Steuerungs- und Antriebslösungen für hochdynamische Werkzeugmaschinen, Seminar: Vorschubantriebe für Werkzeugmaschinen, Aachen, 2005

[Berk06] Berkemer, J.: EffeNDi - Effektive Nutzung des Leistungspotenzials von Direktantrieben bei Werkzeugmaschinen, Abschlussbericht, (Joachim Berkemer: Herausgeber), VDI Fortschrittsberichte 2006

[Best91] Best, R.: Digitale Meßwertverarbeitung, 1. Auflage, R. Oldenbourg Verlag, 1991

[BOF08] Brecher, C.; Ostermann, T.; Friedrich, D. A.: Control concept for PKM considering the mechanical coupling between actors, International Journal of Machine Tools and Manufacture, Volume 48, Issues 3-4, Pages 427-436, 2008

[BOH09] Brecher, C.; Ostermann, T.; Heyers, C.: Vorschubachsen mit gesteigerter Dynamik dank redundanter Antriebe. In: Konstruktion - spezial Antriebstechnik, S2, S. 64-68, 2009

[Bosc09] Bosch Rexroth AG / Electric Drives and Controls: Rexroth IndraDrive MPx-16 Anwendungsbeschreibung, DOK-INDRV*-MP*-16VRS**-AP01-DE-P, 2009-06-26, Erstausgabe, www.bosch.com, , 2009, zuletzt aufgerufen am: 25.05.2010

[BOW04] Brecher, C.; Ostermann, T.; Weck, M.: Pick&Place : Hochdynamischer Bestückungsautomat mit impulsentkoppelten linearen Direktantrieben In: Tagungsband "Elektrisch-mechanische Antriebssysteme -Innovationen - Trends - Mechatronik", Fulda, 6. und 7.10.2004, Hrsg.: Binder, A. [u.a.], VDI/VDE Verlag Berlin 2004, S. 317 - 328,

[Brec02] Brecher, C.: Vergleichende Analyse von Vorschubantrieben für Werkzeugmaschinen, Dissertation, RWTH Aachen, 2002

[Bret09] Bretschneider, J.: VCS - Praxiserfahrungen mit der volumetrischen Kompensation von Geometrieabweichungen mit SINUMERIK 840D sl, eTalon Fachseminar: Volumetrische Kompensation von Werkzeugmaschinen, Braunschweig, 2009

[Croo08] Croon, N.: Neues KGT Vorschubsystem, Lageregelseminar ISW Stuttgart, 2008

[DiVe08] Dietmair, A.; Verl, A.: Antriebsbasierte Schwingungsreduktion, wt Werkstatttechnik online Jahrgang 98, Heft 5, S. 328-336, 2008

[DLSB07] Dietmair, A.; Larranaga, J.; Sulitka, M.; Bustillo, A.: Schwingungsreduktion bei Produktionsmaschinen, wt Werkstatttechnik online, Jahrgang 97, Heft 5, S. 307-313, 2007

[DST10] DS Technologie, zuletzt aufgerufen am: 13.04.2010, http://www.ds-technologie.de

[Erns98] Ernst, A.: Digitale Längen- und Winkelmesstechnik: Positionsmeßtechnik für den Maschinenbau und die Elektroindustrie, Die Bibliothek der Technik: Bd.165 Verlag moderne Industrie, Heidenhain, 1998

[Fahr99] Fahrbach, C.: Regelung hochdynamischer elektrischer Servo-Direktantriebe in Fertigungseinrichtungen, Dissertation, Universität Stuttgart, 1999

[Fanu10] Fanuc LTD: AC Servo Motor αi series, Parameter Manual, B-65270EN/01, zuletzt aufgerufen am: 27.05.2010

[Faßn02] Faßnacht, J.: Schwingungsbedämpfung in Servosystemen mit der direkten Drehmomentmittelwertregelung, Dissertation, TU Darmstadt, 2002

[Faus97] Fauser, M.: Steuerungstechnische Maßnahmen für die Hochgeschwindigkeits-Bearbeitung, Dissertation, RWTH Aachen, 1997

[Fran09] Francis, M.: Rekursive Rechenmeister - IIR Filter in FPGAs implementieren - Teil 1, Elektronik, Heft 23, S. 22-27, 2009

[FuCh09] Shiang Chih Fu; Stone Cheng: Analysis and suppression of torsional vibrations for the permanent magnet synchronous motor-load system, Proceedings of the 2009 IEEE international conference on Systems, Man and Cybernetics, San Antonio, TX, USA, 2009

[Gem10] GEMAC - Gesellschaft für Mikroelektronikanwendung Chemnitz mbH, zuletzt aufgerufen am: 25.05.2010, http://www.gemac.info/pages/d_html/produkte/interpolat/interpointro.html

[Günt97] Günther, M.: Kontinuierliche und zeitdiskrete Regelungen, 1.Auflage, Teubner, 1997

[HaEM06] Hameyer, K.: Elektrische Maschinen 2: Dynamisches Verhalten, Stromrichterspeisung, Regelung, Institut für Elektrische Maschinen, RWTH Aachen, Umdruck zur Vorlesung, 2006

[Hama05] Hamann, J.: Advanced Position Control (APC), Seminar: Vorschubantriebe für Werkzeugmaschinen, Aachen, 2005

[Hamm06] Hamm, C.: Steuerungs- und Regelungskonzepte zur kartesischen Bahnführung, Schwingungsbedämpfung und Entkopplung von Parallelkinematiken, Dissertation, Universität Erlangen-Nürnberg, 2006

[Hann08] Hannig, S.: Analyse, Modellierung und Simulation des dynamischen Verhaltens beim spitzenlosen Einstechschleifen, Dissertation, RWTH Aachen, 2008

[Heid09] Heidenhain Homepage, zuletzt aufgerufen am: 27.08.2009, http://www.heidenhain.de/

[Hess93] Hess, W.: Digitale Filter - Eine Einführung, 2. Auflage, G. B. Teubner Verlag, 1993

[HeTu07] Hesse, R.; Turscher, D.: Phasen- und amplitudenfehlerfreie Filterung von störbelasteten Messsignalen mit quasistationärer Basiskomponente, Technisches Messen Vol. 74, S. 14-18, 2007

[HLS02] Schutzrecht DE 102 00 680 B4 (10.01.2002), Hamann, J.; Ladra, U.; Schäfers, E.: Minimale Schwingungsanregung beim Verfahren mit Ruckbegrenzung durch Adaption von Ruckprofilen

[HoBr02] Hoffmann, J.; Brunner, U.: Matlab & Tools für die Simulation von dynamischen Systemen, Addison Wesley Verlag, 2002

[Hofm08] Hoffmann, F.: Optimierung der dynamischen Bahngenauigkeit von Werkzeugmaschinen mit der Mehrkörpersimulation, Dissertation RWTH Aachen, Apprimus Verlag, Aachen, 2008,

[ISO230] ISO 230: Werkzeugmaschinen - Prüfregeln für Werkzeugmaschinen, Teil 4: Kreisformprüfungen für numerisch gesteuerte Werkzeugmaschinen, 2005,

[KaKr06] Kammeyer, K.-D.; Kroschel, K.: Digitale Signalverarbeitung - Filterung und Spektralanalyse mit Matlab Übungen, G. B. Teubner Verlag, 2006

[KnHr86] Knapp, W.; Hrovat, S.: Der Kreisformtest zur Prüfung von NC-Werkzeugmaschinen, Eigenverlag S. Hrovat, Zürich, 1986

[Knor09] Knorr, M.: Integration von Direktantrieben in Werkzeugmaschinen, Tagungsband zum 14. Dresdener Werkzeugmaschinen-Fachseminar, Dresden 2009

[KoDr06] Koch, T.; Drossel, W. G.: Dynamikerhöhung durch Entkopplung von Direktantrieben - Anwendung und Optimierung von Entkoppelgliedern für direkt angetriebene Vorschubsysteme, VDI-Berichte Nr. 1963, 2006

[KPMJ06] Kuhnen, K.; Pagliarulo, P.; May, C.; Janocha, H.: Adaptronischer Schwingungsabsorber für einen weiten Einsatzbereich, at - Automatisierungstechnik, Jahrgang 54, Heft 6, S. 294-303, 2006

[Krah06] Krah J. O.; Lemke M.; Ifask M.: Geschwindigkeitsbeobachter höherer Ordnung zur Unterdrückung von höherfrequenten Resonanzen bei Direktantrieben, SPS/IPC/Drives Nürnberg, S. 431-439, 2006

[KRSU03] Schutzrecht DE 102 46 093 C1 (02.10.2002), Künzel S.; Schäfers E.; Uhlich A.; Reichel T.: Verfahren zur Dämpfung mechanischer Schwingungen von Achsen von Werkzeugmaschinen, Produktionsmaschinen und Robotern

[KüSc03] Schutzrecht DE 103 40 400 A1 (02.09.2003), Künzel, S.; Schäfers, E.: Verfahren und Vorrichtung zur Dämpfung von niederfrequenten Lastschwingungen bei einem geregelten Antrieb

[Kumm00] Kummetz, J.: Nichtlinear-dynamische Effekte in elektromechanischen Antrieben, Dissertation, Universität Hannover, 2000

[Kumm07] Kummetz, J.: Wenn es schnell gehen muss - Serielle Positionswertübertragung in geregelten Antrieben, Antriebstechnik, Heft 10, S. 18-20, 2007

[Lehn05] Lehner W.D.: Regelung von Vorschubachsen unter Verwendung der Relativbeschleunigung, Dissertation, Universität Stuttgart, 2005

[MaHe06] Mayer, D.; Herold, S.: Schwingungen reduzieren mit aktiv geregelten mechanischen Systemen, Mechatronik F&M, Heft 12, S. 52-54, 2006

[MaSy10] Machinery Systems, Inc., Mazak INTEGREX e-420H-ST II - Improved Lower Turret Increases Versatility, http://machsys.com/home.html, 2009, zuletzt aufgerufen am: 27.05.10

[Math10] MathWorks, Inc., User´s guide, Estimating AR and ARMA Models, zuletzt aufgerufen am: 22.01.10, http://www.mathworks.com/access/helpdesk/help/toolbox/ident/

[Math10a] MathWorks, Inc., User´s guide, Function Reference, zuletzt aufgerufen am: 22.01.10, http://www.mathworks.com/access/helpdesk/help/toolbox/filterdesign

[MBH10] Schutzrecht, DE 10 2008 031 334 A1 (02.07.2008), Mirbach, H.; Brecher, C.; Hennes, N.: Verfahren zur Dämpfung von Resonanzstellen mechanischer Antriebe, vorzugsweise Vorschubantriebe von Werkzeugmaschinen

[Mirb99] Schutzrecht DE 199 50 902 A1 (22.10.1999), Mirbach, H.: System und Verfahren zur Steuerung einer Positioniereinrichtung, insbesondere von Stellantrieben bei Werkzeugmaschinen, sowie Phasenmischvorrichtung

[Mitu04] Mitutoyo Corporation, CNC CMM Bright Apex Series, Technical Innovation in CNC CMM, zuletzt aufgerufen am: 17.06.2004, http://mitutoyo.co.jp/eng/keisoku/tech/tech1.html

[MoHo00] Moschytz, G.; Hofbauer, M.: Adaptive Filter, Springer-Verlag, 2000

[Müll09] Müller, J.: Vergleichende Untersuchung von Methoden zur Verringerung der Gestellanregung durch linearmotorgetriebene Werkzeugmaschinenachsen, Dissertation, TU Dresden, 2009

[NWIN06] Neugebauer, R.; Wittstock, V.; Illgen, A.; Naumann, G.: Piezo-based Actuator-Sensor-Units for Uniaxial Vibration Reduction in Machine Tools, Production Engineering, WGP Annals, Vol. XIII/2, S. 211-216, 2006

[OHB07] Ostermann, T.; Herfs, W.; Brecher, C.: Steigerung der Dynamik durch redundante Zusatzachsen. In: SPS/IPC/Drives 2007, Hrsg.: Verl, A.; Bender, K.; Schumacher, W., S. 461 – 472, VDE Verlag Berlin, 2007

[Prit06] Schutzrecht EP 1 707 310 A1 (24.03.2006), Pritschow, G.: Verfahren zur Erweiterung der Bandbreite eines Antriebssystems mit einem Motor und angekoppelter schwingungsfähiger Mechanik, vorzugsweise auf der Basis von Kugelrollspindelsystemen sowie Vorschubantrieb zur Durchführung eines solchen Verfahrens

[Prit08] Pritschow, G.: Kaskadenregler bei Vorschubantrieben, 17. Lageregelseminar, Stuttgart, 2008

[Quei05] Queins, M.: Simulation des dynamischen Verhaltens von Werkzeugmaschinen mit Hilfe flexibler Mehrkörpermodelle, Dissertation, RWTH Aachen, 2005

[Remy97] Remy, F.: Fuzzy-Logik im Bereich der Regelung elektromechanischer Vorschubachsen, Dissertation, RWTH Aachen, 1997

[Reni10] Renishaw plc, zuletzt aufgerufen am: 22.05.10, http://www.renishaw.de

[RöSD09] Röck S.; Sekler P.; Dadalau A.: Zukünftige Einsatzgebiete der Simulation für die Optimierung der Steuerungstechnik in der Produktion,

Tagungsband zum ASIM-Fachgruppentreffen, Simulation technischer Systeme, Dresden, 2009

[Satt01] Sattler, B.: Entwurf eines robusten, filterintegrierten Aktuators zur Erhöhung der Stabilitätsreserve bei Dämpfung von Strukturschwingungen, Dissertation, TU Darmstadt, 2001

[Schü88] Schüßler, H. W.: Digitale Signalverarbeitung - Band I, Analyse diskreter Signale und Systeme, Springer Verlag, Berlin, Heidelberg, 1988

[ScKr08] Schmirgel H.; Krah J.: Automatische Parametrierung der Regelkreise von Servoreglern über systematische Auswertung einer Frequenzanalyse, SPS/IPC/Drives Nürnberg, Nürnberg, 2009

[ScRe99] Schmidt, P.; Rehm, T.: Notch filter tuning for resonant frequency reduction in dual inertia systems, Industry Applications Conference, 1999. Thirty-Fourth IAS Annual Meeting. Conference Record of the 1999 IEEE, Vol. 3, S. 1730 - 1734, 1999

[SDH06] Schäfers, E., Denk, J., Hamann J.: Ein neues Verfahren zur aktiven Schwingungsdämpfung für Be- und Verarbeitungsmaschinen, Elektrische-mechanische Antriebssysteme, Böblingen, VDI Berichte 1963, 2006

[Sie07] Siemens AG, Simodrive 611 digital / Sinumerik 840D/810D Antriebsfunktionen (FBA), Ausgabe 08/2006, www.automation.siemens.com/doconweb/, zuletzt aufgerufen am: 09.08.2007

[Sie08] Siemens: Brief description of the loadable Compile-Cycle "VIBX", Sinumerik Techno-Function, Document Version 2-4, Date: 07-08-2008

[Sie10] Siemens AG - Safety Integrated für die Fertigungsautomatisierung, zuletzt aufgerufen am: 25.05.2010, https://www.automation.siemens.com

[Siem03] www.innovations-report.de, zuletzt aufgerufen am: 03.07.2008, http://www.innovations-report.de/html/berichte/messenachrichten/bericht-21279.html

[SiFH07] Siemens AG, Funktionshandbuch SINAMICS S120, 07/2007, zuletzt aufgerufen am: 24.08.2009

[SiGH07] Siemens AG, Gerätehandbuch (GH1), Control Units und ergänzende Systemkomponenten, Ausgabe 03/2007, www.automation.siemens.com/doconweb/, zuletzt aufgerufen am: 05.03.2009

[Sing97] Singhose, W. E.: Command Generation for flexible Systems, Dissertation, Massachusetts Institute of Technology, 1997

[TiSc99] Tietze, U.; Schenk, C.: Halbleiter-Schaltungstechnik, 11. Auflage, Springer, 1999

[Unbe08] Unbehauen H.: Regelungstechnik I, Klassische Verfahen zur Analyse und Synthese linearer kontinuierlicher Regelsysteme, Fuzzy-Regelsysteme, 15. Auflage, Vieweg/Teubner Verlag, 2008

[Warn09] Warnatz, U.: Die Fanuc 3D Fehlerkompensation: Möglichkeiten der volumetrischen Kompensation bei Fanuc Steuerungen, eTalon Fachseminar: Volumetrische Kompensation von Werkzeugmaschinen, Braunschweig, 2009

[WeBr06] Weck, M.; Brecher, C.: Werkzeugmaschinen 3: Mechatronische Systeme, Vorschubantriebe, Prozessdiagnose, 6. Auflage, Springer, 2006

[WeBr06a] Weck, M.; Brecher, C.: Werkzeugmaschinen 2: Konstruktion und Berechnung, 8. Auflage, Springer, 2006

[WeBr06b] Weck, M.; Brecher, C.: Werkzeugmaschinen 5: Messtechnische Untersuchung und Beurteilung, dynamische Stabilität, 7. Auflage, Springer, 2006

[WeSc03] Weck, M.; Schulz, A.: Adaptiver Reibungsdämpfer, wt Werkstatttechnik online, Jahrgang 93, Heft 7/8, S. 535-540, 2003

[WKB99] Weck M.; Krüger P.; Brecher Ch.: Grenzen für die Reglereinstellung bei elektrischen Lineardirektantrieben, Antriebstechnik, 1999

[WLLA06] Huijun Wang; Dong-Hee Lee; Zhen-Guo Lee; Jin-Woo Ahn: Vibration rejection scheme of servo drive system with adaptive notch filter, PESC, IEEE 2006

[Yama06] Yamasaki, T.: Prädiktive Schwingungskompensation für Werkzeugmaschinen mit Parallelkinematik, Dissertation, RWTH Aachen, 2006

[Ye92] Ye, G.: Erhöhung der Bahngenauigkeit NC-gesteuerter Vorschubachsen mit Hilfe eines Kompensationsfilters, Dissertation, RWTH Aachen, 1992

[ZiWe06] Zirn, O.; Weikert, S.: Modellbildung und Simulation hochdynamischer Fertigungssysteme, Springer, 2006

9 Anhang

Appendix

9.1 Zwischenschritte verschiedener Berechnungen

Steps between calculations

Kapitel 5.2

$$G_{EMFilter}(s) = 1 - \left[\frac{4K_F \left(\frac{\frac{Ts}{2}+1}{\frac{Ts}{2}-1} + 1 \right) \left[\frac{A3 - \frac{A2\left(\frac{Ts}{2}+1\right)}{\frac{Ts}{2}-1} + \frac{A1\left(\frac{Ts}{2}+1\right)^2}{\left(\frac{Ts}{2}-1\right)^2}}{B3 - \frac{B2\left(\frac{Ts}{2}+1\right)}{\frac{Ts}{2}-1} + \frac{B1\left(\frac{Ts}{2}+1\right)^2}{\left(\frac{Ts}{2}-1\right)^2}} - 1 \right] \left(\frac{Ts}{2}-1\right)^2}{\left[s\left(\frac{Ts}{2}+1\right)^2 \right]} \right] \tag{9.1}$$

9.2 Parametrierte Gleichungen

Parametric equations

Kapitel 5.2:

$$G_{EMFilter} = \frac{6{,}759e15\,s^4 + 2{,}789e19\,s^3 + 3{,}108e22\,s^2 + 2{,}642e24\,s + 3{,}213e26}{6{,}759e15\,s^4 + 2{,}789e19\,s^3 + 3{,}733e24\,s + 3{,}213e26} \tag{9.2}$$

$$G_{EMFilter,6O} = \frac{1{,}31e17\,s^6 + 5{,}47e20\,s^5 + 6{,}45e23\,s^4 + 7{,}17e25\,s^3 + 1{,}8e28\,s^2 + 6{,}52e29\,s + 7{,}4e31}{1{,}31e17\,s^6 + 5{,}47e20\,s^5 + 6{,}23e23\,s^4 + 1{,}14e26\,s^3 + 2{,}1e28\,s^2 + 1{,}18e30\,s + 7{,}4e31} \tag{9.3}$$

Kapitel 5.3:

- Berechnung Filtersignalzweig mit proportionaler Rückführung R=20.

$$G_{Filter,PR} = \frac{6{,}75e15\,s^5 + 2{,}84e19\,s^4 + 3{,}31e22\,s^3 + 5{,}49e24\,s^2 + 6{,}19e26\,s + 2{,}57e28}{6{,}75e15\,s^5 + 2{,}84e19\,s^4 + 3{,}27e22\,s^3 + 6{,}17e24\,s^2 + 6{,}19e26\,s + 2{,}57e28} \tag{9.4}$$

Polstellen:

$$Pole\ (G_{Filters,PR}) = \begin{bmatrix} -2000+0{,}0i \\ -2000-0{,}0i \\ -63{,}1+88{,}9i \\ -63{,}1-88{,}9i \\ -80{,}0 \end{bmatrix} \tag{9.5}$$

- Berechnung Filtersignalzweig mit proportionaler Rückführung R=1.

Polstellen:

$$Pole\ (G_{Filter,PR}) = \begin{bmatrix} -2000+0{,}00i \\ -2000-0{,}00i \\ -63{,}1+88{,}9i \\ -63{,}1-88{,}9i \\ -4{,}0 \end{bmatrix} \tag{9.6}$$

Kapitel 5.4:

- Übertragungsfrequenzgang des parametrierten Lageregelkreises

$$G_{LRK} = \frac{2{,}015e25\,s^2 + 4{,}02e27\,s + 1{,}725e29}{6{,}18e17\,s^5 + 9{,}03e20\,s^4 + 2{,}8e23\,s^3 + 5{,}37e25\,s^2 + 5{,}46e27\,s + 1{,}73e29} \tag{9.7}$$

PolstellenVorschubantrieb:

$$Pole\ (G_{LRK,Pole}) = \begin{bmatrix} -1119{,}9 \\ -76{,}0+169{,}9i \\ -76{,}0\ -169{,}9i \\ -137{,}1 \\ -52{,}5 \end{bmatrix} \tag{9.8}$$

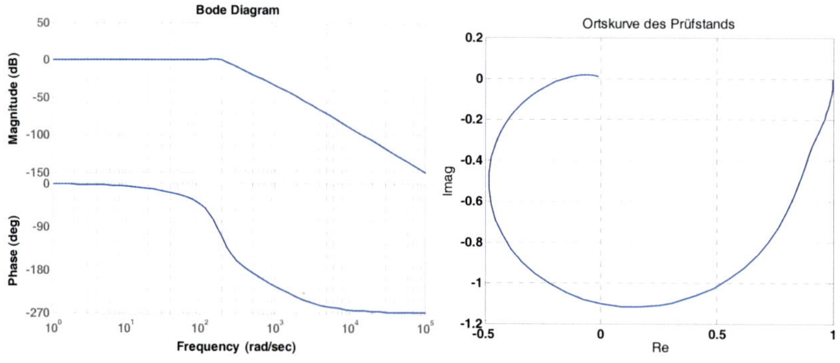

Bild 9.1: Bode Diagramm und Ortskurve des berechneten Prüfstands

Transfer function (left) and frequency response locus (right) of the calculate test bench

- Übertragungsfrequenzgang des parametrierten Lageregelkreises mit AFS

$$G_{LRK\_AFS} = \frac{5{,}6e41\,s^6 + 2{,}7e45\,s^5 + 4{,}0e48\,s^4 + 2{,}1e51\,s^3}{1{,}7e34\,s^9 + 1{,}04e38\,s^8 + 2{,}3e41\,s^7 + 2{,}36e44\,s^6 + 1{,}2e47\,s^5 + 3{,}7e49\,s^4 + 7{,}6e51\,s^3} \ldots$$

$$\frac{+4{,}8e53\,s^2 + 4{,}87e55\,s + 1{,}58e57}{+9{,}8e53\,s^2 + 6{,}59e55\,s + 1{,}585e057} \tag{9.9}$$

$$Pole_{LRK\_AFS} = \begin{bmatrix} -2013{,}1 + 101{,}4i \\ -2013{,}1 - 101{,}4i \\ -1041{,}7 \\ -466{,}9 \\ -66{,}3 + 216{,}9i \\ -66{,}3 - 216{,}9i \\ -135{,}6 \\ -132{,}6 \\ -50{,}0 \end{bmatrix}, \quad NS_{LRK\_AFS} = 1.0e+003 \cdot \begin{bmatrix} -2000{,}0 + 0.00i \\ -2000{,}0 - 0.00i \\ -262{,}0 + 114{,}6i \\ -262{,}0 - 114{,}6i \\ -137{,}0 \\ -62{,}5 \end{bmatrix} \tag{9.10}$$

$$Pole_{Filter} = \begin{bmatrix} -2000{,}0 + 0.00i \\ -2000{,}0 - 0.00i \\ -262{,}0 + 114{,}6i \\ -262{,}0 - 114{,}6i \end{bmatrix}, \quad NS_{Filter} = \begin{bmatrix} -2141{,}1 + 958{,}1i \\ -2141{,}1 - 958{,}1i \\ -120{,}9 + 211{,}7i \\ -120{,}9 - 211{,}7i \end{bmatrix} \tag{9.11}$$

9.3 Parameter des KGT-Prüfstands

Test bench parameter

Tabelle 9.1 Prüfstandsparameter

Parameter	**Wert**	**Einheit**	**Beschreibung**
K_L	2,3	m/(min mm)	Lagereglerverstärkung
K_P	8.0250	As/m	Drehzahlreglerverstärkung
i	1		Getriebeübersetzung
h	0.025	m/Umdrehung	Spindelsteigung
T_{nP}	0.016	ms	Nachstellzeit Drehzahlregler
K_I	11	A/V	Stromreglerverstärkung
T_{nI}	7	ms	Nachstellzeit Stromregler
K_M	1,74	Nm/A	Momentenkonstante
J	0.0107	kgm^2	Massenträgheitsmoment
R	1,13	Ω	Motorspulenwiderstand
L	8,3	mH	Motorspuleninduktivität

9.4 Tiefenmessung des Probewerkstücks

Width measurement test work piece

Tabelle 9.2: Tiefenmessung des Probebauteils

Messstelle	Werkstück 1	Werkstück 2	Werkstück 3
A [mm]	0,011	0,006	0,005
B [mm]	0,01	0,007	0,006
C [mm]	0,007	0,005	0,006
D [mm]	0,005	0,005	0,008
E [mm]	0,007	0,009	0,01
F [mm]	0,01	0,019	0,008
Mittelwert [mm]	0,0083	0,0085	0,0072
SD [mm]	0,0021	0,0048	0,0016
MIN [mm]	0,005	0,005	0,005
MAX [mm]	0,011	0,019	0,01
Ra [mm]	0,006	0,014	0,005

9.5 Nachgiebigkeitsverhalten des Bearbeitungszentrums DBF 630

Dynamic behavior of the machine tool DBF 630

Interne Untersuchungen des Nachgiebigkeitsverhaltens der X- und Z-Achse des Bearbeitungszentrums DBF 630 (normiert), welche von der planlauf GmbH zur Verfügung gestellt wurden.

Dynamisches Verhalten der DBF 630 in X-Richtung

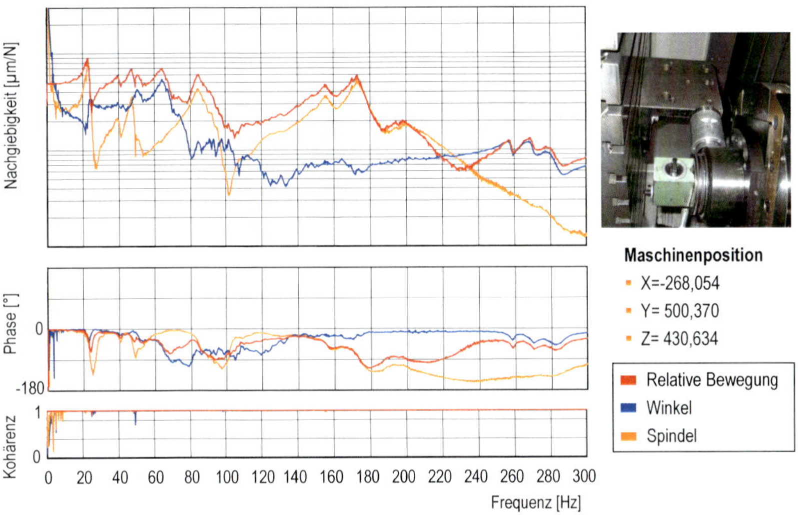

Vergrößerter Bildausschnitt des Nachgiebigkeitsverhaltens der X-Achse

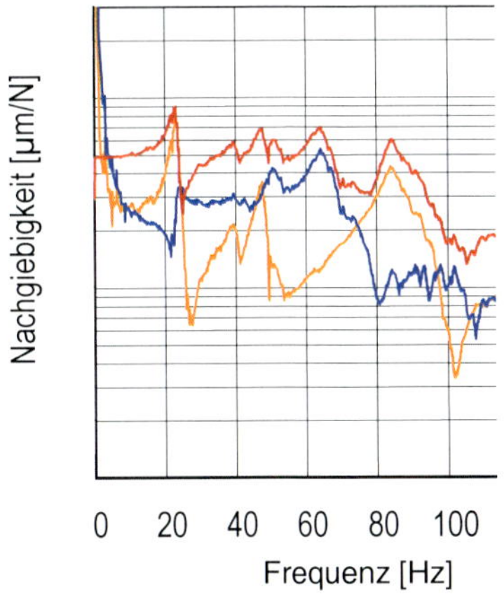

Dynamisches Verhalten der DBF 630 in Z-Richtung

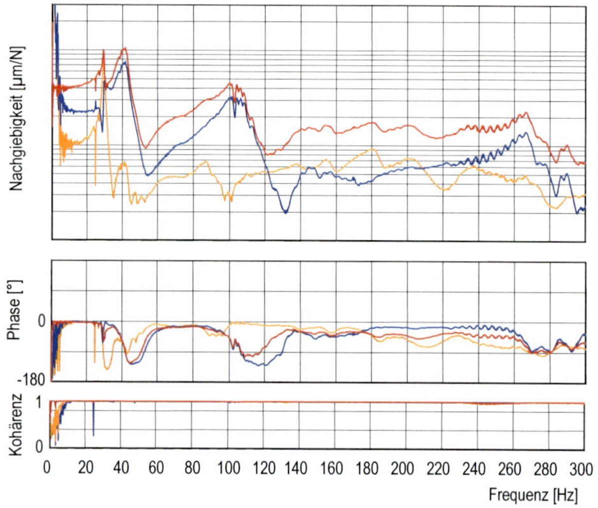

Maschinenposition

- X=-424,100
- Y= 500,370
- Z= 338,934

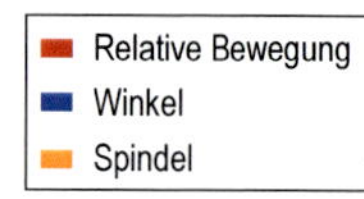

Vergrößerter Bildausschnitt des Nachgiebigkeitsverhaltens der Z-Achse

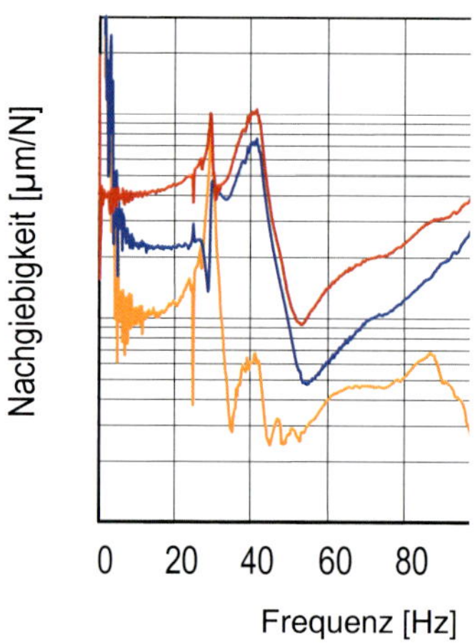

9.6 Bauteilzeichnung des Probewerkstücks

Drawing of the test work piece

Bauteilzeichung

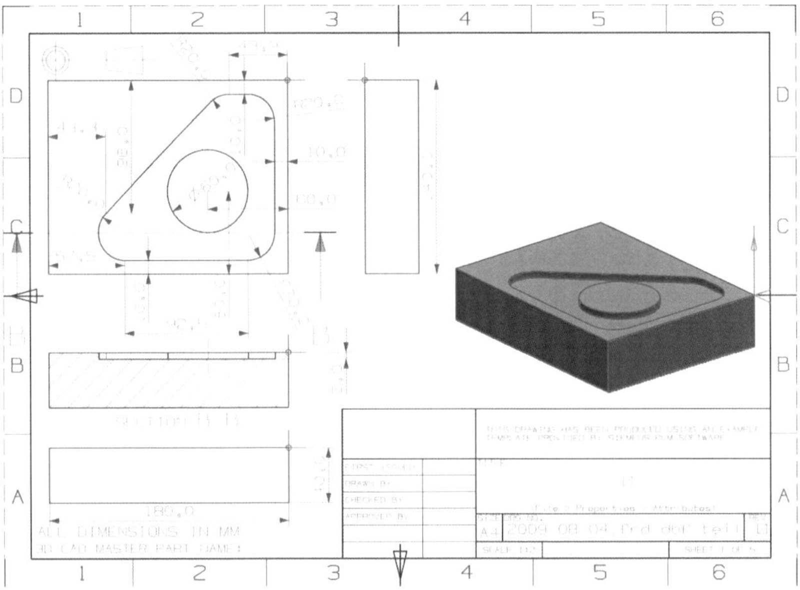

9.7 Darstellung der Kreis und Geradheitsmessung

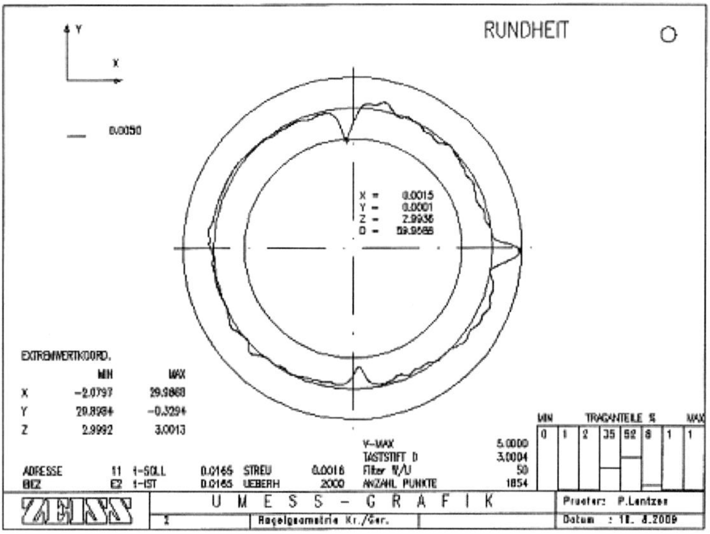

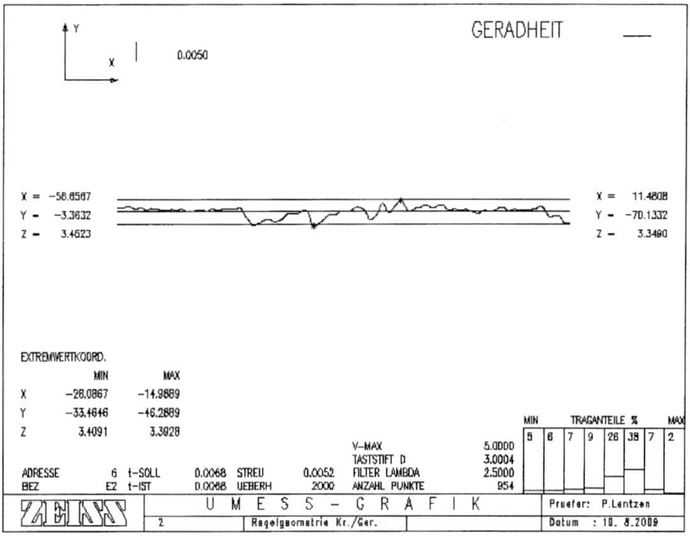